LIFE STYLE WITH STATIONERY

LIFE STYLE WITH STATIONERY

Mikey 著
（倔強手帳）

這枝紅筆有多紅？

文具屋店員Mikey白眼翻不完也執迷不悟的職人小劇場

野人

序

文具店店員這個工作，聽起來超級夢幻，做起來超級崩壞。但是如果現在叫我不做，我又會手癢。

從小我就一直很喜歡文具，求職時，任性到完全沒有考慮文具店以外的工作。小菜鳥到公司報到的那天開始，我才知道在文具店工作不只是跟一堆文具談戀愛這麼簡單的事啊！要清潔、理貨、陳列、企劃、報告、客服，甚至還要跨足美術、水電工、木工、油漆工、資源回收。報到不到一週就離職的同事也是不少，能夠留下來長期工作的同事都是身懷絕技喔。在文具店工作的日子，各種技能不斷被激發出來，堪稱是一段小菜鳥到職場萬能女超人的強力進化過程啊！

工作中最令人白眼的就是客服的部分了，每天面對客人莫名其妙的問題，真的是臉上三條線。就在三條線正要縮回來的時候，下一位又提問怪問題了。如何保持唇部的微笑曲線，並同時在內心

【第一章】

白虹

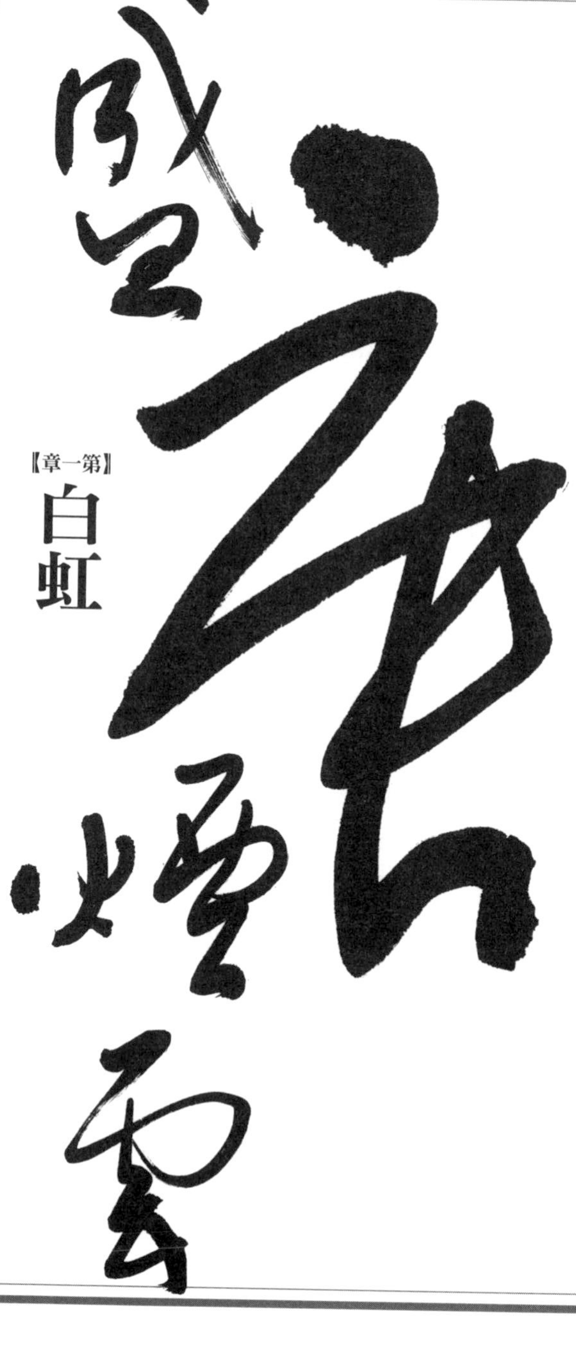

春日的陽光從西側照過來，透過七寶琉璃窗格，灑在白色的象牙大床上，將同樣潔白的幔帳染得七彩斑斕。

這張大床是哥哥楊國忠送的。酬謝楊玉瑤在他登上相位過程中的奔走扶持之功。據說造價是與床體等重的黃金！至於這個報價中間到底注進了多少水分，楊玉瑤也懶得去猜。官場上的男人麼，有幾個說話靠譜的？撒謊都已經成習慣了，對上頭騙，對底下蒙，待到面對自己的家人時，也改不過來。把一說成十那還算是忠厚的，把沒有的憑空捏造出來，才能顯出真本事！

儘管心中充滿了厭惡，楊玉瑤還是命人把這張象牙大床抬進了自己的房中。楊國忠送的東西，不拿白不拿。反正他的錢財也不是從正路上得來的，替他們花費掉，等同於替天行道。對於其他送上門來挨宰的官員，虢國夫人通常也是一視同仁，或者待遇更勝一籌。給點小小的好處，從他們手中敲詐出大筆財貨，然後看他們眼角疼得直抽搐的模樣，實乃人生一大樂趣。比起駕著銀裝馬車在長安街上快速馳奔，看那些市井小民們躲在路邊敢怒不敢言的模樣，讓人心裡更舒坦許多，更痛快許多。

此刻臥房裡琳琅滿目的華貴陳設，幾乎全是這樣得來的。幾乎每一件拿到市面上去，都足以買下一座小小的田莊。然而，楊玉瑤卻已經記不清大多數物品原主人的名姓了。逢場做戲而已，曲終後，人也就散了，將對方放在心裡念念不忘的，才是真正的傻子！

只有一樣禮物例外。整個房間裡唯一的一樣。那是一把外觀極為普通的長劍，此刻就橫在楊玉瑤的枕頭旁。灰撲撲的沙魚皮鞘，霧濛濛的桃木手柄。掛劍鞘的兩個石絆兒早已經磨得發亮，根本分辨不出原本的形狀。扣在石絆兒內的繩索更為簡單，既沒裹著金線，也沒編著銀絲，僅僅一條牛皮老弦，因為天長日久，已經快斷裂了，因此不得不在中間重新打了一個死結。

解不開的死結。楊玉瑤曾經無數次設想，拿著這把劍去尋回它的主人。卻一次次又放棄了。雷萬春是個名滿天下的大俠，品行和志向都如同一隻在晴空中飛舞的白鶴。而楊玉瑤自己，卻是奸相之妹，皇帝陛下的姘頭，六王爺曾經的禁臠。天下第一水性楊花的蕩婦！

如果一把劍，上面染了鏽漬，還能鋒利如初嗎？翻了個身，慢慢把劍從鞘裡抽出來，楊玉瑤輕輕撫摸那冰冷銳利的霜刃。幾點血珠立刻從手指間處滲了出來，慢慢滑過劍刃，蓋住幾點陳舊的殷紅。

傷口很淺，所以她並不覺得痛。反而有一股久違的感覺，從手指尖處源源不斷的湧起，慢慢傳遍她的全身。那是一種活著的感覺，濃烈不亞於醇酒。慢慢地，楊玉瑤屏住呼吸，併攏雙腿，手臂戰慄，身體緊繃，纖細的腰肢開始一下一下地抽搐。

她知道自己還活著，像個正常女人一樣活著。而不是一件包裹著綾羅綢緞，渾身掛滿金銀和寶石的雕塑。她是個有血有肉的女人，而不是一件貨物，價高者得之。雖然幾乎每隔一段時間，她都得向不同的男人出賣一次自己。

只有劍的主人例外。從第一次見面起，雷萬春就沒把她當做一件貨物。她知道，所以，她寧願派人將寶劍還給他。冷言冷語將他趕走，趕到自家哥哥的視線之外，以免他徹底墜入長安城的污濁。

但是，這把寶劍在五天之後的一個清晨，卻又掛在了她的臥房門前。那一夜她宿醉未醒，所以根本不知道他什麼時候來的，什麼時候離開？迷迷糊糊中，只是隱隱地聽到了一聲熟悉的嘆息。便從此徹底錯過。

下人們也都沒看見他的身影，那些號稱一流高手的侍衛們，更是堆土偶木梗。然而這樣也好，如果當時被驚醒了，楊玉瑤根本不清楚，自己到底有沒有勇氣睜開眼睛！

事後她唯一清楚的是，曾經折磨了她數年的惡棍，在那個夜晚被人一劍刺死。屎尿流了一褲襠，死狀極其齷齪。作為身上流著太宗直系血脈的皇族，六王爺之死，令整個京師雞飛狗跳。京兆尹衙門為此許下萬金懸賞，無數負責京師治安的官吏也為此被砸掉了飯碗，病中的前宰相李林甫甚至為此操勞過度，憂懼而死。然而，刺客卻像從天上掉下來的露珠般，再也沒有出現。誰也猜不到他的身份，誰也不知道他受了哪個的指使。只有楊玉瑤例外。從那天起，就將寶劍藏在了自己的枕頭旁，每天晚上守著它，才能安然入夢。

他欠她一個人情，用自己的方式還了。所以走得無牽無掛。然而，她卻知道，自己靈魂的某一部分，也被他同時帶走，在他感覺不到的位置，伴著他浪跡天涯。走的那個是個乾乾淨淨的好女人，而此刻，留在長安，躺在象牙床上的，不過是具已經瀕臨腐爛的軀殼！

沒有他的日子，她用自己的方式，安慰這具軀殼，藉以忘掉現實中的冰冷與灰暗。隨著腰肢的抽搐，身體內的血液越來越熱，楊玉瑤將另一隻手向某個濕潤的位置探去，讓指尖的火焰點燃藏在靈魂深處眷戀。瞬間，有道閃電劈開了黑暗，照亮了記憶中他的身影，強壯，魁梧，如同塊岩石般可以遮擋住所有風雨。這一刻，他的身影跨越萬水千山，張開雙臂，將她的靈魂緊緊抱住，揉得粉碎，卻令她甘之如飴。她不想掙扎，寧願在他的懷抱裡窒息。然而現實中的身體卻在這一刻抽得更緊，喉嚨處也噴發出了一聲壓抑的呻吟。

當貼身婢女藥痕將宵夜端進來時，已經到了酉時三刻。虢國夫人重新梳洗打扮，然後像什麼都沒發生過一般，一邊用餐，一邊開始謀劃今晚如何壓榨獵物的細節。自打哥哥楊國忠做了宰相之後，她的任務更加繁重。雖然整個京師之中，除了貪得無厭的李三郎之外，已經再沒有第二個人敢主動打她的主意。但是，為了讓楊國忠的位置更加安穩，她卻需要不時在各種歡宴上露一次面兒，哪怕是讓所有人都看得著急卻吃不到嘴，也要能鞏固楊氏與其他權臣家族的關係。注一

今晚的宴會主人叫賈昌，以交遊廣闊，消息靈通而聞名。在楊國忠對付李林甫的「戰鬥」中，此人提供的情報居功至偉。更令楊國忠看中的是，此人非常懂得進退，從來不漫天要價。在李林甫被皇帝下令掘墓鞭屍之後，居然沒有立刻湊上前邀功領賞。而是恭敬地退到一邊，直到楊國忠想起他時，才替族中一位遠房弟弟，討要了一個嶺南某縣的實缺兒。

這種對於京師官員來說，類似於流放的差事，楊國忠手裡攥著一大把。因此隨便就指了一處還算富庶之地，派了賈昌的弟弟去做縣令。

功高賞薄，實在不該是宰相大人的做事風格。更何況賈昌憑著一手訓練鬥雞的本領，在皇帝陛下眼中也有一定地位。幾天之後，楊國忠自己又覺得很過意不去，再度向賈昌許諾，準備將他的那位弟弟調任到洛陽附近補一州刺史。但是，賈昌卻笑著拒絕了。「我那族弟，連續三次進京，連個進士都沒考中。做個縣令已經是破格，如果做了刺史的話，我怕傳揚出去，影響國忠公的賢名。畢竟，眼下是您老剛剛接手一個爛攤子，正需要做出點兒實際成就來的時候。賈某的一點兒私心，無論如何都要先往邊上放一放！」

「成就？」楊國忠當時的臉色，如同在睡夢中剛剛醒來一般，充滿了迷茫與困惑。

「國忠公難道不想青史留名嗎？自古以來，有哪個做了宰相的，不想被萬人敬仰？」賈昌當時後退了半步，笑著反問。比楊國忠矮了近半的影子，頃刻間被燭光拉得老長。

一句話，登時將二人之間的距離又拉近了老大一截。在沒能取代李林甫之前，楊國忠的確終日想的便是有朝一日重權在握，如何大擺宰相威風。而現在，他想更多的卻是如何在宰相這個位置上，留下些與前任不同的東西。

但是，想達成這個願望是談何容易？且不說在長達十九年的宰相生涯裡，權相李林甫已經將前幾任留下的巨額府庫盈餘揮霍得一乾二淨，並且將吏治從朝廷到地方都敗壞得百孔千瘡。單憑楊國忠本人的背景、才華以及在士林中的聲望口碑，亦無法像李林甫在任時那樣做到令出隨心，無論正確和錯誤都沒有人敢於阻撓。

而賈昌的出身和經歷與楊國忠可謂同病相憐。二人父輩的身份都不高，家族中沒有過硬的背景可

注一、李三郎，李隆基的小字。

憑藉；二人都是取悅了大唐天子李隆基，才登上了高位。二人都沒讀過太多書，肚子裡沒那麼多道德說教。二人的道德品行都不足以服眾，開始出入朝堂時背後總有一大票人指指點點。更重要一條是，二人都對那些所謂的飽學名士看不上眼，寧願跟市井無賴攀交情，也不願跟後一種人有任何瓜葛。

想到賈昌跟自己的境遇曾經有很多相似之處，楊國忠笑了笑，坦誠地詢問：「你有比較穩妥的辦法嗎？要知道楊某並不是不想做事，而是李林甫老賊留下的完全是一個爛攤子。這些日子來，楊某每天光是給他補鍋，就累得暈頭轉向了！哪裡還有精力再琢磨其他東西！」

「那要看國忠公是需要一劑猛藥，還是一劑秋梨湯了！」賈昌得意地笑了笑，拋給楊國忠一個頗為有趣的選擇。

「什麼是猛藥？什麼是秋梨湯？」楊國忠眉頭輕皺，愈發覺得眼前這個人有意思起來，「不妨都說給楊某聽聽，若是可行的話，楊某肯定不會吞沒你的功勞！」

「功勞就不必了，我就這麼丁點兒個小個頭，放在越起眼的位置，招來的嘲弄越多！」賈昌苦笑了一下，輕輕擺手，「我只是想借國忠公之手，完成自己回報陛下恩德的心願而已。」

看到楊國忠滿臉驚詫，賈昌聳了聳肩，得意的笑容背後透出一縷難以掩飾的寂寞，「所謂猛藥，就是見效快，藥力狠，但稍有不慎，便可能會令朝廷傷筋動骨的方子。賈某總結為二十四個字，整肅吏治、重振朝綱、廣開言路、選賢用能、精練禁軍、削弱藩鎮。具體的辦法就是……」

「不瞞賈兄，以本相目前之力，恐怕一條也做不到！」沒等賈昌把話說完，楊國忠立刻苦笑著打斷。他府中也有一群頗具眼光的幕僚，賈昌今日所提六項，大夥在言談中也曾多有涉及。但是，說起來容易做起來難。除了大力提拔自己看重的人才這項不會遭到太大阻力之外，其他任何一項，都可謂牽一髮而動全身。稍有不慎，朝廷倒未必傷筋動骨，他楊國忠好不容易到手的權柄，恐怕就要丟得精精光光了。

賈昌先是一楞，然後搖頭苦笑。他本來也沒指望楊國忠這個人太有擔當，只是預料中的事情發生

之後，心中依舊有些不是滋味。楊國忠也明白自己辜負了對方的一番好意，訕訕地笑了笑，低聲解釋：「給我五年時間，五年之後，賈兄今日所提之策，我一定會全力以赴去實施。然而現在，局面已經是積重難返，貿然下猛藥的話，恐怕未必治得了病，反而會傷到五腑六臟。」

「也倒是！」賈昌輕輕嘆了口氣，將雙臂倒背於身後，本來就矮小的個頭看上去愈發孱弱。

「呵呵，你還是說說秋梨湯怎麼熬吧，畢竟這個更順口些！」楊國忠陪著乾笑了一聲，繼續追問。

「既然叫做秋梨湯麼，自然是滋補的成分大。頂多讓病情繼續拖下去而已，實際上根本起不到治療的作用！」賈昌又笑了笑，輕輕點頭，「辦法簡單，保證不得罪任何人。李相在位之時，用人完全依賴個人觀感和有司對其的風評，實際上根本沒有具體操作規則可循。很多地方官員在司馬、知縣一級徘徊到致仕，也看不到絲毫升遷的指望。國忠公若是想收百官之心，穩定朝野秩序的話，從這方面著手，倒不失一條捷徑！」

「收百官之心？」楊國忠最希望做到的便是這一點，立刻上前抓住賈昌的肩膀，大聲追問，「如何去做，賈兄能否說詳細些！」

「我的骨頭，國忠公，我可禁不起你這麼折騰！」賈昌趕緊後退數步，慘叫著掙脫楊國忠的魔爪，「其實很簡單，只是國忠公身在局內，不像我這個旁觀者看得那麼清楚而已。憑資歷熬年頭就是了。越是久久不得升遷的人，對李相怨恨越大。而他們又的確非常有治政經驗，參照為官的年頭多寡依次提拔，誰都能看到希望，在誰都說不出什麼怨言來！」

這倒是個切實可行之策！關鍵是操作起來非常簡單，並且迅速有效。原來李林甫當政之時，選拔官員的手續非常繁雜。六品以下官吏赴京應選，需要通過筆試、面試，然後吏部擬官注籍……。一大堆繁瑣手續走完，歷時往往長達半年。其中只要有一個環節沒打點到位，就可能被淘汰出局！

所以，很多底層官員在任期結束後，寧願想辦法行賄上司，原地踏步，也不願意入京述職。原地踏

步雖然沒有升遷指望，但也不會出現大的起落。而赴京述職的話，稍有應對不慎，便可能如同囚徒般被困在館驛，進退不能。直到自己完全對前途絕望，主動請求返回故鄉去做一個平頭百姓，方才算逃離生天。

如果依照賈昌的建議，把在職官員考評升遷的規則，改成憑資格熬年頭。標準便立刻清晰了許多，而過程當中人為干涉的因素也減弱到了極低的程度。原本需要歷時半年多的選拔，恐怕半月之內就可搞定。雖然有可能得罪一些在原來選拔過程中上下其手的傢伙，但比起被提拔者的感恩戴德來，這點兒怨恨簡直微不足道！

楊國忠心思轉得向來不慢，否則也難以從一個市井無賴爬上當朝宰相的高位。略作沉吟，就將「秋梨湯」中的利害得失考慮得清清楚楚。他現在最需要的便是在朝中提拔一批支持者，借此鞏固自己來之不易的地位。賈昌所獻「秋梨湯」，可謂雪中送炭。至於這個方子的療效好壞，暫時可以不在考慮之列。畢竟大唐朝的骨頭架子還在，雖然比起開元年間虛弱了許多，但是一時半會兒不可能倒掉。待自己的地位穩固了，積聚下足夠的實力，再痛下猛藥替國家療傷不遲！

「多謝賈兄！」給了對面的矮個子一個友善的微笑，楊國忠低聲說道，「這番指點之恩，楊某心裡記下了。你既然不在乎官職高低，楊某也不勉強於你。這樣吧，以後內庭所用柴薪雜物於民間的採辦之事，就交托給賈兄來管理。反正你已經在陛下身邊行走多年，知道陛下和內庭所有重要人物的喜好！」

「如此，賈某再客氣就顯得矯情了！」賈昌笑了笑，朝著楊國忠長揖及地。皇宮內所需的大宗物資採買，一向是由高力士等首領太監負責。但有很多日常所用的粗笨之物，如木炭、糧食、馬桶、水缸等，是太監們或者不方便，或者懶得去管的。這些東西往往價值不高，然而勝在用量巨大。經手人隨便在上面刮一刮，往往就是整桶整桶的油水。

原來負責此事的是李林甫的族中子侄。如今李林甫已經皇帝下令被刨棺鞭屍，先前的一眾黨羽自

然是樹倒猢猻散了。朝中很多頗具慧眼的人物，便替自家人盯上了這個留下的肥差。楊國忠一直將其握在手裡沒有給出，今天心情高興，立刻將其作為酬謝，交托到了賈昌的肩膀上。

這樣安排也非完全出於私心。太監們由於身體殘疾，性情或多或少有些古怪。跟他們打交道，一定得是個八面玲瓏的人物。眼下楊國忠在朝堂內立足未穩，自然不願意跟高力士等人起了隔閡。所以把賈昌這個人精頂到雙方權力交錯的位置上去，也的確能起到緩衝與彌合作用。

不出楊國忠所望，上任才短短幾個月，賈昌已經憑著嫻熟的手段，贏得了高力士等人的交口稱讚。此外，儘管楊國忠沒有提到「論資排輩」的官員選拔之策是出於誰的建議，某些消息靈通者，還是從蛛絲馬跡中，分析出了一點兒頭緒。於是，某些受惠於此策的新貴們，在感激楊國忠之餘，念念不忘賈昌的挖井之恩。很快，坐落在曲江池畔的賈家別院，就開始賓客盈門了。

但是，賈昌這個人卻非常懂得避嫌。無論客人的來意是登門致謝，還是有事相求，他都念念不忘將楊國忠推到前面。久而久之，雙方之間的關係愈發親厚。很多楊國忠抽不出時間會見的「普通」客人，也都交給賈昌幫忙招待。後者本來就是尋歡作樂的老手，對付這種小差事，自然是駕輕就熟。無論來者的脾氣有多古怪，他總是能讓其留下禮物和感激，滿意而歸。偶爾虢國夫人楊玉瑤在酒席間露個面兒，則更令客人們覺得臉上有光，渾身上下的老骨頭都跟著年輕十好幾歲。

今天的酒宴上，有很多熟悉的面孔。虢國夫人入席後，匆匆掃了幾眼，便認出了中書舍人宋昱、吏部郎中鄭昂、前扶風縣令薛景仙等。還有幾個她沒有見過，但從對方臉上欣喜的表情來推斷，也是走了哥哥楊國忠的門路，終於得償所願的新貴。因此她微笑著朝大夥蹲了蹲身，謝過姍姍來遲之罪，便在此間主人的引領下，走入了左側首席位置。

幾個當朝新貴們，倒不覺得坐在一個女人的下首有什麼失身份。第一，對方是有「國夫人」的封爵，地位遠在自己之上。第二，對方是當朝宰相的妹妹，能出席這樣的酒宴，是給足了大夥面子。至於第三，就只能在心裡想想了，嘴上無論如何說不得。人家是出得了廳堂，上得了龍床。自己一個區區五品，有什麼譜兒可以擺？若是能找機會一親芳澤，也算沾了皇帝陛下的餘恩。過後在親近朋友面前說出去，保準能獲得無數驚訝與羨慕。

對於周圍投過來或為獻媚，或為熱辣的眼光，虢國夫人沒有感覺到半分不快。她早已習慣了，或者說是駕輕就熟。只要坐到大庭廣眾之下，穿上那身代表品級地位的服飾，便自然而然地忘記了另外一個自己，渾身上下都透出傾國傾城之態。

這一刻，她不再是自己夢裡的那個楊玉瑤。那個膽小而又多情的女子，早已隨著一個夢飄走了。夢再好，醒來後的人卻只能做回自己。她，如今只是楊國忠的妹妹，大唐一品夫人。一笑傾人城，再笑傾人國。

有如此長袖善舞的絕世美人在座，酒筵自然不用主人太賣力張羅，自然而然地就迅速向高潮邁進。酒過三巡，有人提議行令助興，四下立刻響起一片贊同之聲。

此間主人賈昌位高權重，被大夥公推做了「酒明府」，負責掌控全局。中書舍人宋昱素負才名，亦當仁不讓地做了「律錄事」，司掌宣令和行酒。至於司掌罰酒的「觥錄事」，虢國夫人當然是眾望所歸。見大夥目光熱切，她也不掃眾人的興，端起面前酒爵小抿了一口，柔聲說道：「如此，小女子就自己先飲了這盞，且罰僭越之罪。待會兒若是誰敢偷奸耍滑，可千萬莫要怪我不肯饒過他！」

她出生於河東，長於蜀地，成年後又日日周旋於達官顯貴之間，曲意逢迎。因此根本不必刻意做作，言語中自然就帶上了絲縷嬌媚之味。再配上那流波雙目，烈焰紅唇，未等勸酒，已經令人先醉了三分。

當下，眾人轟然答應：「使得，使得。誰敢偷奸耍滑，夫人儘管行軍法便是。我等肯定不給他求情！」「使得，使得！夫人已經把酒喝到前頭了。哪個敢不識抬舉，大夥就將他叉了出去！」

「那便請律錄事宣令！」聽眾人答應得心齊，虢國夫人目光微轉，掃過中書舍人宋昱的眼睛。

中書舍人宋昱心頭登時一顫，滿面春風，笑著回應：「如此，宋某可就獻醜了！諸位稍待。」

他有心在虢國夫人面前賣弄文采，所以故意選了比較有難度的酒令翻檢。將右手五根精心修剪過的手指在面前的竹籤背面微微一抹。看上去好像信手拈來，得到的結果卻是個雅令，要眾人「間、山、環……」等字為韻腳，即興賦詩一首。以一曲歌舞為限，曲終詩成。交予明府評定優劣，甲等者可邀舞姬入席伴酒。乙等者無獎無罰。若是不幸做了第三等，或者才思今日不甚方便，則罰飲酒三杯，另獻上一拿手絕技，為所有人助興。

在座諸位賓客都是文官，當然不會被這點兒小玩意給難住。當即，賈昌命歌姬獻藝，眾人一邊觀賞美人旋舞，一邊以指扣打面前桌案，微微吟哦。曲子剛剛奏到中途，中書舍人宋昱便已經抬起頭來，手捋鬍鬚，含笑不語。

須臾，吏部郎中鄭昂和翰林學士趙無憂亦有所得，相繼停止了吟哦，微笑抬起眼睛。緊跟著，又有幾名賓客或者舉起筷子品菜，或者輕輕擊打曲子的節拍觀賞歌舞，顯然都已經有了成稿在胸。唯獨扶風縣令薛景仙素不以詩文見長，兀自緊皺著眉頭，口中喃喃不已。

酒明府賈昌見狀，不忍掃了此人的顏面，便暗中示意樂師將曲子的末段改為疊韻，反覆演奏了三遍，直到很多人都仰起頭，以目光抗議了，方才不得不徐徐停了下來。

「不瞞諸君，賈某肚子裡墨水有限。實在有愧這酒明府一職！」見薛景仙還在愁眉苦臉，賈昌笑了笑，再度給此人創造機會，「不如諸位都將所得詩作陸續吟誦出來，大夥一道品評，共論優劣，如何？」

「嗯，使得！」中書舍人宋昱心中已有勝券在握，當然不怕被眾人評點，當即微微一笑，輕聲回應。

「使得！使得！」有道是自古文無第一，其他諸位才子也不甘在美人面前被埋沒了，立刻沒口子答應。

「如此，則請宋兄先帶個頭。」見眾人都沒有異議，賈昌笑著開始點將。

中書舍人宋昱欣然領命，笑了笑，低聲回道：「久未擺弄此物，手都有些生疏了。既然賈兄有令，就且讓宋某來拋磚引玉。」說罷，抿了口茶潤潤嗓子，朗聲吟道：「餌柏身輕疊嶂間，是非無意到塵寰。冠裳暫備論浮世，一餉雲遊碧落閒。」

前宰相李林甫在位之時，他一直鬱鬱不得志。直到楊國忠扳倒了李林甫後，才因為襄助有功，從而青雲直上。因此這首詩做得輕鬆愜意至極，字裡行間，都透出一股掩飾不住的怡然味道來。

在座眾人都是剛剛得到楊國忠提拔的新貴，此刻人人心中的感覺都跟中書舍人宋昱差不多，故而轟然叫好，公推了這首詩為甲等。

賈昌輕輕拍拍手，立刻有先前獻藝的舞姬再度走上，排成一排，由中書舍人宋昱隨意挑選。誰料今日宋昱卻突然改了性子，一收平日裡的風流之態。搖搖頭，笑著說道：「有虢國夫人在座，我等若是放浪形骸，未免有失莊重了。妳等都暫且退下吧，宋某今日光是用這雙醉眼觀賞名花，便已經足夠！」

說罷，眼睛又偷偷向虢國夫人這邊一轉，目光裡邊充滿了旖旎。

那些美人都是精挑細選出來的，若是平日，個個都堪稱傾城之資。只是今天在虢國夫人這絕代佳人面前，未免就都失了幾分顏色。看到宋昱不肯挑選，其他貴客也覺得賈府的美人姿色實在距離自己心中期待甚遠。於是，也都笑著搖頭，宣佈自己為坐懷不亂的正人君子。此間主人賈昌見狀，只好笑了笑，命舞姬退下。然後取了白璧酒盞一隻，算做對於宋昱剛才所作佳句的答謝。

這倒是個雅物。無論價格和品質，都恰恰配得上中書舍人宋昱的文采。後者略作客氣，便含笑收下了。

接下來，其他賓客也紛紛拿出即興之作。或者婉轉陳情，或者直抒胸臆。但文采與宋昱所作都有一段距離，兩首被評了乙等，三首落為丙級。作品被評了丙等的詩人也不著惱，哈哈一笑，舉起面前白玉盞，連乾三輪，滴酒不剩。

按照先前約定，失手者還要當場獻藝。這點小事亦不會讓大夥覺得為難。古來君子須通習六藝，禮、樂、射、御、書、術。大夥多年來又常在官場上迎來送往，禮、射、御、術四藝也許不精，樂、書兩藝卻都磨練得爐火純青。

於是，借著三分酒興，作詩失手者或者撫琴，或者彈劍，或者引吭高歌，把酒宴的氣氛從一個高潮，推向另外一個高潮。中間虢國夫人又耐不住性子，主動和了吏部郎中鄭昂一曲，登時又令眾人羨慕得兩隻眼睛發藍。心中暗道，早知這樣，我又何必過於執著於虛名？主動認輸了，或許還能博得美人轉眸一睞，藏在心裡夜半獨自回味，豈不妙哉？

大夥都光顧著品味琴聲和詩作，倒把尚未交卷的人給忘了。前扶風縣令薛景仙費了好大力氣才將詩作寫好，連續輕咳了數聲，卻都吸引不了任何人的關注。心中不禁有些惱怒，將空酒盞用力往面前矮几上一頓，發出「咚」的一聲巨響，「倒酒，倒酒，今日喝得好生痛快！」

在一旁伺候的婢女嚇了一跳，趕緊小跑著上前，將薛景仙丟下的空盞添滿。此間主人賈昌也驟然醒悟，連忙在座位後躬了躬身，笑著說道：「哎呀，看我這當酒明府的，居然未能一碗水端平！誰的大作還沒交上來？好像就剩下薛兄了吧！怪我，怪我！以薛兄大才，肯定是一篇壓軸之作！」

「是啊，是啊！差點兒讓薛兄蒙混過關！」律錄事宋昱心中不悅，卻不想讓薛景仙一個人攬了所有人的性，趕緊笑著在旁邊幫腔。「趕緊把大作交出來，否則，休怪本錄事軍法無情！」

誰料到他不幫忙還好，越幫忙，薛景仙心裡越覺得鬱悶。肚子裡已經準備好的詩作，薛景仙自問壓不過宋昱的鋒頭。而論才思敏捷，在座諸君恐怕都完成得比他快了許多。即便能僥倖評了乙等，也顯不出任何本事。怪就怪這律錄事宋昱，好端端地非要賣弄什麼詩文？他中書舍人是個耍筆桿子的差事，自然弄得駕輕就熟。而薛某人做了半輩子地方小吏，平素總是跟俗物打交道，筆下如何又清雅得起來？

與其把拼湊出來詩作拿出去勉強應景，不如另闢蹊徑，否則肯定難以引起宰相之妹的關注。想到這兒，薛景仙撇了撇嘴，笑著回應道：「我在任上時天天忙得焦頭爛額，哪裡有閒功夫舞文弄墨？所以，詩作就算了吧，免得污了諸位之耳。」

他本意是想向虢國夫人暗示，自己比較長於政務。誰料這話聽在大夥耳朵裡，卻充滿了挑釁之意。當即，吏部郎中鄭昂皺了皺眉頭，笑著說道：「的確，薛縣令在任上比較勤政。以至於他的頂頭上司一直捨不得他調往別處，故而連年考評都刻意給了最低一等！」

這簡直是當眾打人的耳光了。有美人在側，薛景仙又怎能忍得？立即豎起眉頭來，大聲反駁道：「那是因為薛某不擅長鑽營，所以才被小人誣陷。不像某些傢伙，唯一懂得的便是如何討好上司！」

不擅長鑽營？那你又何必死皮賴臉地往賈大人家裡湊？眾賓客連嘲諷都懶得嘲諷了，紛紛拿青白分明的眼睛向薛景仙處涅斜。大夥都是讀書人，誰都指望此生能找尋到機會，一展心中抱負。所以想方設法另闢蹊徑，不足為恥。然而一邊主動跑到楊國忠門下投靠，一邊大喊著自己是個清流，就有些太噁心了。往好聽的說是言行不一偽君子一個，往陰損了說，就是一邊做婊子一邊立牌坊！

沒想到自己一時疏忽，居然惹出了這麼多麻煩。此間主人賈昌心裡也好生懊惱。強壓住命人將薛景仙叉出去的衝動，他清清嗓子，笑著說道：「以前吏部選拔升遷官員的方式，的確有很多弊端。所以薛兄被上司刻意打壓，也非不可能！好在楊大人接掌相位之後，已經開始著手革除積弊。否則，咱們大夥兒今日也沒機會坐在一起。呵呵，酒宴之上，不提這些！咱們就事論事，薛兄不願以大作示人，照約定算輸。所以，本明府要求薛兄再乾兩盞水酒，然後給大夥露一拿手之技。薛兄以為如何？」

「薛大人剛才可是說過，他唯一拿手的，就是處理政務！」沒等薛景仙回應，立刻有人冷笑著奚落。

薛景仙立刻聳了聳肩膀，反唇相稽，「身為地方官員，難道不擅處理政務，才是長處嗎？怪不得最近幾年，百姓的日子越來越難過，原來是世道變了！」

「薛大人這話說得太過了吧！」聽到此，賈昌再也忍耐不住，皺了皺眉頭，將聲音提高了幾分質問。「莫非薛大人以為，我朝又應該變更年號了嗎？」

「嗯——」薛景仙登時語塞。他只是想嘲諷有人身為百姓父母官，終日裡卻就知道吟詩操琴，把正事都交給屬下胥吏去辦，弄得地方上民不聊生。卻萬萬沒有料到，這話能被人聯繫到天子失德方面去。想想鬥雞小兒賈昌跟當今天子之間的關係，不禁額頭見汗。猶豫了一下，向賈昌鄭重拱手：「薛某今日喝多了。所以口不擇言。還請賈大人原諒則個。剛才的酒令，薛某認罰便是！」

說罷，趕緊端起面前酒盞，連乾兩杯。隨後，訕訕擦了把臉，笑著說道：「詩文的確非薛某所長。有虢國夫人這種大家在側，薛某的琴藝，也是萬萬不敢拿出來獻醜的。其他，請明府隨便劃下個道道吧，薛某照做便是！」

見薛景仙這廝肯服軟，賈昌也不欲跟他繼續糾纏。這種偽君子，表面上看起來一本正經，其實肚子裡齷齪得很。並且往往心胸都極其狹窄。自己做錯的地方從來不記得，別人稍有得罪便沒齒難忘。與其當眾處置他掃大夥的興，不如稀裡糊塗把今晚的酒宴結了，然後把此人趕得遠遠的，再也不准他登門來添堵。

客氣笑了笑，他低聲說道：「若論詩文，在座諸位還能有比賈某肚子裡墨水更少的嗎？拿此來行令，不過是圖個開心罷了！與才華高低，根本沒任何關係！薛大人既然不喜歡作詩，不如講個笑話來聽聽！若是把大夥都逗笑了，本明府便算你已經了結了這場酒官司，如何？」

「這個，薛某倒是不愁！」輕輕朝鬥雞小兒賈昌拱了拱手，薛景仙裝作很感激的模樣回應，「先說個關於老虎的笑話吧！扶風一帶，地形多山，所以猛獸也極多。老虎乃百獸之王，很少遇到敵手。不料一日行獵，卻一口咬在了刺蝟身上，被扎得滿嘴冒血。老虎吃痛，只好張開嘴巴，又把刺蝟吐了出來。肚子裡面飢腸轆轆，一時又找不到更合口之物果腹。猛然間看到了掉在地上的板栗，立刻撲將上

去，用爪子按住，大聲罵道：「有完沒完，我今天已經被你阿爺扎過一次了。你還想怎麼樣？」注二

說罷，自己率先哈哈大笑。

在座諸人，除了賈昌和虢國夫人兩個年少時家境較為普通之外，其他皆為書香門第，根本沒見過尚未脫去最外一層表殼的栗子果生得什麼模樣。當然無法將其與刺蝟聯想到一起。看到薛景仙樂不可支，不由得相對苦笑。

薛景仙前仰後合地笑了片刻，突然發現根本沒有人回應自己。楞了楞，苦著臉道：「莫非這個笑話不好笑嗎？老虎拿栗子當了刺蝟啊！你們見過刺蝟沒？栗子呢？」

眾人紛紛點頭，然後又紛紛搖頭。薛景仙終於明白自己錯在哪裡了，咧了下嘴，繼續說道：「那我就再說一個吧，保準好笑。話說有一夥人乘船過揚子江，走到江中間，船突然漏水了。滿船的人都嚇得哇哇大叫，只有一位老兄，先皺著眉頭四下看了看，然後朝著大夥喝斥道，『又不是你們家的船，沉了就沉了唄，心疼什麼啊，真是笨死了！』」

這回，終於又引起了三兩聲輕笑，卻依舊不是很熱烈。薛景仙無法過關，心裡登時又惱怒起來，臉色變得一片漆黑。

眼看著酒宴上剛剛開始好轉的氣氛又要被破壞掉，賈昌無奈，只好親自上陣。先說了幾個非常有趣的笑話，把大夥心中的不愉快沖淡。然後又搖搖頭，非常樂不可支地說道：「其實賈某也有這個毛病，三句話不離官場。最近有個關於某縣豪強的笑話，不知道你們聽說過沒有？」

「哪個？」

「講講！賈兄莫要吊人胃口！」

眾賓客也不想讓酒宴不歡而散，即便不是很感興趣，也紛紛開口回應。

「說起來此事也挺有意思的。咱們大唐律法寬容，所以地方上總有那麼一兩戶人家，仗著樹大根

深，盡做一些不知好歹的事情！有時候官員們上任，還真拿他們挺為難！不管吧，實在愧於陛下教誨。管吧，又扯出蘿蔔連著泥……」

「嗯！」有著在地方做官經驗的賓客們紛紛點頭。賈昌這句話說得都是底層官場上的實情。大唐的地方官員由吏部統一任免，通常不准在原籍為官。然而小吏卻不受這個限制。所以很多地方官府，小吏往往都由大戶人家的爪牙擔任，或者早已被地方大戶買通了，恨不得每天晚上跟富豪們抵足而眠。然而新官初來乍到，兩眼一抹黑，又不得不依靠這些胥吏。結果往往是赴任沒有幾天，就發現自己已經被架空了。要麼政令根本出不了縣衙，要麼不得不跟胥吏們同流合污，成為地方大戶的提線皮影。即便有個別想盡心報效朝廷的，往往還沒等其在與地方豪強的角力中把局面扳回來，任期就已經到了。要麼高升，要麼被調往其他地方為官。新來的繼任者又要重蹈前任覆轍。

對於瞭解一些地方上奇聞軼事，虢國夫人倒是不太反感。見賈昌三言兩語就抓住了眾人的心，也笑著轉過頭來，靜靜地等待對方的下文。

端起面前的酒盞抿了一口，賈昌繼續笑著說道：「對此情況，很多人害怕麻煩，索性睜一隻眼閉一隻眼了。反正那些大戶行事也自有分寸，輕易不會弄得太過火。可有這麼一位，偏偏不信邪，上任才半個月，就把前幾任一拖再拖的數件陳年舊案翻了出來，準備要秉公處理！結果地方上幾個大戶立刻就不幹了，勾結起來，準備給此人點顏色看看。其中有個楞頭青叫華南金，是這個地方上的一霸，就故意在縣衙門口不遠處縱馬傷人，然後氣定神閒地等著看縣令的笑話！」

類似的尷尬事情，在座眾人也曾遇到過。無非是找人中間說項，雙方各退一步。新任官員不再管前任留下的積案，而鬧事者也推出個替罪羊來去坐幾天牢。然後彼此借機探明了對方底線，約定好今後井水不犯河水罷了！

注二、栗子果並非現今街上所賣糖炒栗子的模樣，外邊還有一層厚殼，上面生有很多毛刺。每個果殼內，通常包著三四枚板栗。

不願意，但根本也無其他辦法。想緝拿真凶，捕快們根本不肯認真動手，縣令自己總不能提著刀滿大街去追殺一個惡霸！並且一旦惹出了所謂的「民變」，上頭追究下來，「一個處事不利」的評語，就徹底毀了你的前程！

彷彿猜到大夥心中所想，賈昌微微一笑，得意地說道：「誰料想，那縣令比惡霸更楞，居然立刻丟下火籤，以三日為限，要求麾下差役出手拿人！那些差役們當然不肯應承，按照傳統繼續明目張膽地消極怠工。誰料才過了一天，縱馬傷人的惡霸華南金就主動到縣衙投案自首了。非但承認了自己的罪責，連數件前幾任縣令沒敢處理的案子，也都主動認了。被縣令立刻打入了死牢，準備上報刑部，秋後問斬。」

「這下，地方大戶們可亂了陣腳，再度聚在一起，準備到上頭聯名控告新任縣令『誣良為盜』，嘿嘿，誰料這邊狀紙剛剛寫好，墨蹟還沒等乾呢。那廂已經有差役提著鎖鏈把門給堵了！」

「啊！」不但虢國夫人聽得好奇，一眾做過地方官的賓客們也個個瞠目結舌。指望橫行一方的惡霸幡然悔悟，還不如指望石頭能開花！而那幫差役們既然是地方豪強養活熟了的「家雀兒」，又怎可能事先知會一聲都不做，就立刻翻臉上門捉人？

莫非那縣令背後還有個極大的靠山不成？可強龍難壓地頭蛇。誰的靠山會硬到如此地步，令全縣的衙役同時洗心革面？

「那幫大戶們納悶啊，都是熟人，怎麼說翻臉就翻臉呢！」不愧為能在天子面前侃侃而談的弄臣，賈昌說起故事來，簡直是句句搔到人心癢處。「當即大聲抱怨衙役們不仗義，威脅要揭對方老底。大夥誰都別想好過。那些衙役們先苦笑了幾聲，然後指著自己的臉說道：『還用你們揭嗎？咱們的老底早被揭乾淨了！』

「聽了這話，大戶們仔細一看，才發現幾乎所有衙役，都是鼻青臉腫。幾個平素最為有頭臉的捕快、班頭，居然連鬍子帶眉毛一併給人剃了，腦袋光溜溜的像個大鴨蛋。」賈昌頓了頓，繼續笑呵呵地講述，

「原來他們昨天夜裡，都被某個蒙面人堵在了家中，狠狠地收拾了一通，隨後，非但把自己跟大戶們勾結的事情招認了出來，連這幾年做過的所有缺德事，都在對方的威逼下，招了個竹筒倒豆子！」

「啊！蒙面人？莫非是個俠客？」眾官吏眼睛又是一亮，紛紛興奮地大叫。隨著平話這種日常娛樂活動在大唐各地風靡，有關劍俠的故事，也如雨後野草般流行開來。其中比較有影響的，如風塵三俠的故事，就把前朝某個重要人物，竄改成了虬髯客。並且將在大唐立國時處處跟高祖作對，差點兒被秋後算賬砍了腦袋的李靖，一舉捧上了開國功臣的神壇。

然而劍俠這東西畢竟太過於虛玄，大夥只是希望其有，卻誰也沒親眼看到過。此刻聽賈昌講起，忍不住都好奇地打聽起來，「真的是俠客嗎？那縣令怎麼結識得此等人物？賈兄可知事情具體發生在哪裡？改天若是有機會，真要去見識見識！」

「真源縣啊。你們真的沒聽說過？最近市井中都傳遍了！」賈昌詫異地看了大夥一眼，白淨的面孔上寫滿了無辜。

「真源？」虢國夫人的眉稍突然一跳，下意識地扭頭朝賈昌看去，卻在對方臉上沒有發現任何刻意的跡象。她的心臟慢慢狂跳起來，雙頰因為酒氣上湧而慢慢變得通紅。真源，那是小張探花改任縣令的地方。勇於任事，嫉惡如仇，也是他的一貫風格。那個蒙面大俠，應該是雷大哥。可雷大哥分明比張巡晚離開了半年多，怎麼可能在後者剛剛赴任，就幫他教訓那些胥吏和土豪？

雷萬春，這個已經漸行漸遠的背影，瞬間在她心頭又變得清晰。那稜角分明的面孔，那滿臉的落腮鬍子，那永遠充滿了笑意的眼睛。彷彿漫漫冬夜裡的一點燭光，照亮了所有寒冷與污濁。

那才是他應該去的地方。持劍而立，快意恩仇。如果留在京師的話，恐怕他就會一天天地沉淪，變成一個無可救藥的酒鬼和糟老頭。

「我還以為早就大夥聽說過呢！」醉眼朦朧中，虢國夫人看見賈昌拍拍胸口，笑著補充，「白擔心

了半天。當然是俠客出手了。但不是一個，而是一群。那縣令不知道怎麼走了狗屎運，居然結交了一群大俠為他效力。華南金那惡棍一腦袋撞到了鐵板上，本以為這回還能像以前一樣給縣令個教訓，也好作為日後橫行鄉里的憑仗。誰料衙役們沒動手抓他，當晚他的莊子卻被幾個大俠聯手給破了。全家老少都給綁了起來，如果他不肯主動去縣衙投案自首的話，人家就要替天行道！」

「衙役們開始時還以為華南金另有所謀，嘻嘻哈哈地等著看熱鬧。誰料熱鬧沒看成，自己全被人起了老底，不得不反咬先前的買主一口，以圖將功贖罪。那些地方豪強們一看這陣仗，登時傻了眼。想逃逃不掉，想造反沒膽子。好在縣令本來也沒想將他們趕盡殺絕，只是將那些陳年舊案都拿了出來，一一核實。該打板子的打板子，該罰金的罰金，該蹲監牢的命各家自己從嫡系子侄中出一人頂罪蹲監牢。該砍頭的罪名，也是照此辦理。一串案卷送到刑部核實過後，去年冬天直接在縣城西門外砍了十幾顆血淋淋的大腦袋。從此之後，整個真源縣民風為之一振，再也沒人敢依仗家族勢力橫行鄉里。」

「一群俠客？怪不得那真源縣令有恃無恐！」眾位賓客搖頭驚嘆。換了自己與對方易地而處，恐怕也要甩開膀子大幹一場。為官一任，有誰不想在地方上留下個好名聲呢？只不過誰也不像真源縣令那麼走運罷了！

只有虢國夫人，從迷醉中慢慢回轉心神，秋水般的眼睛盯著賈昌又掃了數下。突然，她輕輕地笑了起來，一瞬間百媚頓生。

這個賈昌，也忒會做人了！

一場漫長的盛宴，足足進行了三個時辰，才終於宣告結束。從賈昌家出來的時候，東邊的天色已經泛白。虢國夫人跳上自己的銀裝馬車，剛剛將虛偽嫵媚的笑容從臉上卸下，立刻覺得一陣倦意襲來。忍不住打了個長長的哈欠，瞇縫起眼睛，準備進入夢鄉。

老天偏偏不肯遂人所願，還沒等她把眼皮闔上，外面突然傳來一陣刺耳的車輪摩擦聲。緊跟著，馬車驟然停下，將她和貼身婢女香吟的身體同時拋向前方。撞在包裹著厚厚一層棉花的車廂板上，發出「砰砰」兩聲巨響。

「抓刺客！」馬車外的侍衛們齊聲大叫。一剎那，斥罵聲、兵器出鞘聲和拳腳入肉聲紛湧而至。中間還夾雜著數聲淒慘無比的哀鳴，「別打了，別打了。哎呀！是我，我不是故意的。哎呀，哎呀，饒命，饒命……」

「出去看看！別弄出人命來。」強壓住心頭的怒火，虢國夫人爬起身，低聲向婢女香吟吩咐。能無視長安城內宵禁命令，半夜在曲江池附近晃悠的傢伙，身份自然不會太低。一旦侍衛們出手太重把人給打死了，萬年縣那邊恐怕又要費一番口舌。

「半夜衝撞您的車駕，打死了才好！」小婢女香吟恨恨地應了一句，揉著被撞疼的額頭，信手推開車廂門。「夫人說了，讓你們悠著點兒，別直接打死了！留他一口氣，丟到萬年縣大牢裡邊去，讓孫捕頭料理他！」

「知道了。夫人沒被驚擾到吧？」兇神惡煞般的侍衛們轉過頭來，滿臉媚獻。「這廝冷不丁地就從路邊衝了過來，我等根本來不及攔阻！」

說著話，又抬起腳來，朝著橫在車隊側前方不遠處的一個身體猛踹。一邊踹，一邊罵罵咧咧的數落：「賤胚，沒長眼珠子呀你！連夫人的車駕都敢攔，活該去墊車軲轆！」

「啊，啊——」挨打的傢伙雙手抱頭，在眾人腳下亂滾。一邊滾動，一邊語無倫次地大叫，「我不是故意的。哎呀，我是薛縣令。別打了，哎呀，我剛剛見過你家夫人！」

黎明前的寂靜裡，他的慘叫聲顯得異常清晰。穿過敞開的車廂門，再度引起了虢國夫人的注意。「讓他們別打了。」一聲不耐煩的怒喝從車廂內傳出，聽在挨打者的耳朵裡無異於天籟。「這個人我剛剛在賈大夫家裡見過！香吟，妳出去看看，需要不需要給他請個郎中過來！」

「是！」小婢女香吟終於也想起了挨打的傢伙是哪個，答應一聲，悻悻然走下馬車。「別打了。都住手。這個人不是刺客！楊伍，你檢查一下，傷到他的骨頭沒有！」

話音剛落，滾在眾護衛腳下的薛縣令立刻爬了起來，不顧擦拭臉上的血跡和泥土，朝著香吟躬身作揖：「沒傷到，沒傷到。幾位家將大哥剛剛都留著手呢！謝謝姑娘！謝謝夫人！是薛某莽撞了。不該驚擾夫人的車駕。但薛某也是事出有因，迫不得已……」

「既然薛大人沒受傷，就趕緊讓開吧。時候不早了。夫人還等著坐車回府呢！」沒等扶風縣令薛景仙囉嗦完，香吟眉頭一皺，不耐煩地打斷。

「是，是！」到底是做過一方父母官的人物，薛景仙大肚能容，絲毫不以被一個婢女喝斥為恥，「可，可我的確有要事需當面向夫人稟告啊。要事……」

像這種打著稟報要事旗號，借機拍虢國夫人馬屁的無賴文人，香吟已經見了不下百個，根本不肯相信對方的拙劣藉口。眉頭又皺了皺，低聲說道：「薛縣令是不是弄錯了。夫人向來不管外邊的事情。無論公事還是私事，你還是去找右相大人吧！」

「我，我壓根進不了右相府的大門啊！」眼看著這頓毒打就要白挨，薛景仙扯著嗓子大喊，「夫人，夫人。薛某有驚天大事稟報。薛某有驚天大事需要向您稟告！」

沒想到薛景仙一點兒官員的臉面都不要，小婢香吟大急，狠狠推了其一把，低聲喝道：「讓開。讓開。大清早你瞎嚷嚷什麼！來人，請薛縣令到路邊休息！」

「是！」侍衛們答應一聲，上前扠住薛景仙，就準備往路邊的排水溝裡邊扔。就在此時，官道上又傳來一陣急劇的馬蹄聲，光祿大夫賈昌披頭散髮，帶領著數名家丁疾馳而來。人未到，聲音已經先到：「夫人怎麼樣了？受傷沒有？誰沒長眼睛，竟敢衝撞夫人的車駕？」

見有外人在場，正在躍躍欲試的楊府家將們趕緊把薛景仙放了下來。「今兒算是便宜了你！」小婢女香吟偷偷罵了一句，整理衣衫，走上前迎住賈昌的馬頭：「有勞光祿大夫費心了。我家夫人只是受了一點兒驚嚇而已。」

「那就好，那就好！」賈昌抹了把額頭上急出來的冷汗，喃喃地回應。此地距離他的府邸沒多遠，剛才聽到官道上有人大喊「抓刺客」，他趕緊帶領家丁趕了過來。唯恐在自己家赴宴的貴賓們在回府途中遇到什麼意外，弄自己一身洗不清，摘不淨的干係。

眼角的餘光看到鼻青臉腫的薛景仙，剎那間，賈昌心頭便是一片雪亮。所謂刺殺，十有七八是某個把腦袋削尖了往上爬的傢伙心情太切，一頭栽進了虢國夫人車隊的緣故。卻害得自己虛驚一場，差點把心臟從嗓子眼兒裡給跳出來。

想到此節，饒是涵養再好，賈昌也忍不住心頭火起。眉頭一豎，低聲冷笑：「我當是哪個吃了豹子膽的傢伙，敢當街衝撞國夫人的車駕呢！原來是薛大人！不知道薛大人這是要跨境問案呢！還是看我等不順眼了，準備當街給以教訓呢？」

被賈昌刀子般的目光掃到，薛景仙本來就不算太高的身軀登時又矮了一截，連連拱手，結結巴巴地回應：「不，不不不。卑，卑卑職不敢，不敢！卑，卑卑職，只，只是有，有一件，一件非，非常重要的事情，需，需要當面向夫人稟，稟告！稟告！」

「什麼事情，不能在我府裡邊說！」見到薛景仙那副猥猥瑣瑣模樣，賈昌肚子裡的火氣更是不打一處來。他是聽了熟人推舉，說扶風縣令薛景仙勇於任事，才想將其引薦到楊國忠門下。一方面可以為國求賢，另外一方面，也能幫助楊國忠加強一下手中隊伍的實力。卻萬萬沒有想到，此人居然如此市儈。雖然穿了十幾年官袍，行為舉止卻連一個市井流氓都不如。

「卑，卑職，卑職是，是剛剛才想起來的！」薛景仙想都不想，謊言脫口而出。說完了，才突然發現這句話裡邊毛病甚多。非但會讓有權有勢的美人覺得自己是無理取鬧，而且容易給鬥雞小兒賈昌抓到把柄。

果不其然，話音剛落，賈昌立刻冷笑逼上：「原來薛大人隨時拍一拍腦袋，就能想出天大的要事。賈某佩服，佩服！」

這時還是早春的天氣，薛景仙的腦門上卻汗流滾滾，滑過沾滿泥土和血污的面孔，留下一道道清晰的印記。眼看著要同時得罪兩個惹不起的大人物，他再顧不上考慮輕重，扯開嗓子，大聲求肯：「不，不是，不是這樣。不是這樣。賈大夫您聽我，聽我解釋啊！夫人，夫人您給我一個解釋的機會啊！」

這種小人，多看一眼都噁心。賈昌冷笑著轉過頭，抬腿便準備離開。薛景仙見狀，心中更急。不顧一切地追將上去，用力扯住賈昌的披風：「大人，大人聽我解釋。酒宴上，酒宴上人多。我不敢說。有人，有人要謀反！」

「啊！」最後兩個字把賈昌嚇了一跳，不由自主地停下腳步。虢國夫人恰恰也從車廂中探出半個身子來，正準備向賈昌當面致謝，聽到薛景仙聲嘶力竭的大喊，也大吃一驚，楞了楞，身體僵在了車廂門口。

還是小婢女香吟反應快，趕緊向侍衛們使了個眼色，低聲命令：「架住這個瘋子，送到第三個車廂裡去。等候夫人和賈大人處置。無關人等，旁邊警戒。能站多遠就站多遠！」

「諾！」侍衛們心頭一凜。躬身領命。頃刻之間，就在官道上圍成了一個直徑長達五十步的大圈子，把車隊和幾個重要人物全都保護在了裡邊。

家將頭目楊伍扠起薛景仙，將其丟進車隊中的一輛備用馬車。虢國夫人和賈昌兩個互相看了看，本著寧可信其有，不可信其無的態度，相繼邁入了車廂。楊伍指揮幾個心腹侍衛，又在車廂附近圍了第二道圈子，以防有人偷聽。待親眼目睹侍衛們將一切必要手段準備穩妥後，虢國夫人命令香吟關嚴車門，回過頭來，厲聲向扶風縣令薛景仙喝道：「薛縣令，說話之前你可要考慮清楚。不要胡亂編造故事，也不要用謊言耍弄我等。我這個國夫人雖然不愛管閒事，可若是有人敢刻意戲弄的話，我也不會輕易讓他好受！」

「是，是是。卑職明白，卑職明白！」歷盡千辛萬苦，終於將機會抓到了手裡的薛景仙連連點頭，慌不急待地回應。雖然旁邊還多了一個賈昌，比他預料中的情況差了一些，但總算引起右相楊國忠大人之妹的關注了。想到自己今後的前程就要賭在幾句話上面，他的聲音都變得有些戰慄，「卑職，卑卑職手，手裡有確鑿證據。范陽、平盧、河東三鎮節度使安安，安祿山，準準，準備謀反！」

「啊！」聞聽此言，虢國夫人和賈昌兩個臉上齊齊變色，驚呼之聲脫口而出。安祿山是李林甫一手提拔起來的藩鎮重將，本來就跟楊國忠極為不睦。如果他突然在此刻起兵造反的話，無論最後結果如何，楊國忠好不容易到手的右相之位也要變成明日黃花。

更為恐怖的是，此刻朝廷手中的力量，根本擋不住安祿山麾下的虎狼之師。安祿山坐擁范陽、平盧、河東三鎮軍政大權，麾下總兵力高達十九萬餘，接近大唐北方邊軍總數的一半兒。而拱衛京師的左右龍武衛非但士兵的人數上懸殊極大，裡邊的多數武將也都是從沒上過戰場的雛兒。他們之所以加入軍旅不過是為了撈取資歷，為日後在家族的幫助下平步青雲尋找藉口。真的拿起兵器與人拚命的話，十有七八還沒等看到敵人的面兒，自己已經嚇尿了褲子。

至於比龍武軍稍微有一點起色的飛龍禁衛，眼下總人數還不到五千。縱使個個以一當十，也會被從漁陽殺來的滾滾洪流踩成肉醬！

「怎麼辦？」虢國夫人睜圓恐慌的眼睛，祈求般看向了賈昌。自己的哥哥和他麾下那些所謂的謀士是什麼德行，她心裡比誰都清楚。如果眼前這個身材低矮的「鬥雞大夫」也束手無策的話，整個京師不會有第二個人能想出應對危機的辦法來！

感受到對方目光裡的信賴，賈昌本能地將胸脯向上挺了挺。只可惜此舉作用非常有限，比起跪坐在對面的薛景仙，他就像一個還沒長大的孩子。甚至比起身側的虢國夫人，他也矮了一個肩膀。然而這並不妨礙他思考。眼珠在眶子裡快速打了幾個轉兒，他收藏好心中的慌亂，以很平靜的口吻發問：「薛大人有證據嗎？要知道，你我都不是言官，都沒有風聞奏事的權力。胡亂攀誣一方節度的話，一旦被查出是信口開河，可要受反坐之責！」

「這……」薛景仙猶豫了一下，有些不習慣賈昌說話的語氣。但此刻有求於對方，他不得不選擇忍讓。「下官有一個族弟，剛剛從范陽鎮辭了武職。據他所說，安祿山在軍中大肆安插同黨，排斥異己。隨口便授予族人四品將軍之職，並且私下做了很多魚袋，留給心腹備用！」

「這算什麼狗屁證據！」話音落下，不但賈昌氣得七竅生煙，虢國夫人乾脆直接罵出了聲音來。早在十數年之前，朝廷就以不掣肘地方軍鎮之名，將邊軍將領的選拔之權下放到了各大節度使手上。從四品武職以下隨意授予，從四品及其以上才要求上報朝廷批復。而朝廷收到節度使的報告之後，也只是照其舉薦蓋章，根本不會做任何留難。

像今天薛景仙所舉報的行為，各大節度使或多或少都有所涉及。換作誰在那個位置上，都會提拔一些私人親信作為班底。畢竟親手提拔起來的將領，比前任留下的班底用起來會更順溜一些。如果僅憑這兩種出格行為，就斷言安祿山準備謀反的話。那恐怕十大邊鎮節度，個個都難逃謀反的嫌疑！

「下，下官！」沒想到自己心目中像女神一般高貴優雅的虢國夫人，居然說出如此骯髒的言語，薛景仙的臉色登時漲得一片黑紅。嘴唇嚅囁了半天，才喃喃地補充道：「下官也，也覺得證據不甚充足。然而風起於萍末，讓，讓右相大人早，早做些提防，總，總是好的！」

「行了！我會把這事兒轉告給兄長知曉。你可以回去了！」念在對方立功心切的份上，虢國夫人決定不計較此人衝撞自己車駕的行為，打了個哈欠，懶懶地說道。

「夫人！」薛景仙聞聽，說話的語調又急切了起來。聽上去幾乎是在大吼，「下官可是，可是一片赤誠啊！夫人妳不能……」

「好了，好了，好了。虢國夫人既然答應你了，就一定會做到。」眼看著此僚又要丟人現眼，賈昌趕緊出面替雙方打圓場。「即便夫人一時想不起來，我也會親自提醒楊公。薛大人趕緊回館驛休息吧，馬上就要天亮了！」

「我……」敏銳地察覺到了賈昌語氣裡的驅趕意味，薛景仙臉上的急切迅速轉為憤怒。

見此人根本不知道好歹，賈昌心裡登時也起了火，皺了下眉頭，沉聲問道：「怎麼，薛大人還怕賈某貪了你的功勞不成？」

「不，不敢！」薛景仙的身體立刻就矮了下去，拱了拱手，喃喃回應。

賈昌輕輕舉起右手，大聲補充：「本官今天就當著虢國夫人的面兒，向你做個保證。如果你所言經查屬實的話，全部功勞都是你自己的。賈某保證連個光都不會沾！」

「不敢，不敢！」無論是否相信對方的保證，薛景仙都知道自己今天不可能再更進一步了。又做了個揖，低著頭走下了馬車。

車門在他背後迅速關閉，發出一聲刺耳的撞擊聲，「咚！」緊接著，八輛銀裝馬車快速動了起來，車輪滾滾，捲起一片煙塵。

站在微明的晨曦中，呼吸著馬車捲起的塵土，薛景仙覺得頭皮一陣陣發木。自己好不容易找到的為朝廷出力機會，又被白白浪費掉了。那兩個目光短淺的賤人，絕對是在敷衍自己！這是什麼世道！他們一個人盡可夫，淫蕩成性，另外一個巧言令色、奸詐陰險。卻偏偏都擋在自己頭頂正上方！自己為了成就大事，不拘小節地向他們折腰，他們居然對自己的才華和抱負視而不見！

是可忍，孰不可忍！狠狠地向早已消失的車隊吐了口吐沫，薛景仙搖晃著走向自己的坐騎。身上

的傷已經不是很痛了，但心裡的傷卻像一把塗滿了毒藥的匕首，一下下刺激著他的靈魂。此事不能就這麼算完，所有加諸在薛某頭上的侮辱，有朝一日，薛某一定要十倍百倍的報復回來！讓那個姓賈的傢伙身敗名裂，把那個姓楊的賤人從高高在上的位置拉下來，摜到塵土中，蹂躪、折磨。磨光她的傲氣，然後再讓她哭著爬過來向自己求饒，在自己胯下婉轉承歡！

「我呸！」薛景仙又吐了一口帶血的吐沫，牽著坐騎，向曲江池畔另外一棟別院走去。那個別院的主人曾經找過他，但由於更看好此刻大權在握的楊國忠，他才沒有接受對方背後那位主人的拉攏。如今，通往楊家的道路已經斷了，他只好再主動去叩響對方的大門。

古來成大事者不拘小節，不是嗎？目光再度轉向馬車消失的位置，薛景仙笑了笑，眼睛裡充滿了怨毒。

此刻坐在馬車裡的人，卻沒有時間計較一個小小縣令的怨恨。即便覺察到了後者的不滿，他們也不會很在乎。比起三鎮節度使安祿山的威脅來，薛景仙的憤怒就像老鼠在磨牙齒。只要屋子的主人還沒有被疾病擊倒，老鼠就構不成任何威脅。

「他說的話，有可能是真的嗎？」沒有局外人在場的時候，虢國夫人的臉色又變得灰暗起來，就像驟雨來臨之前的天空。

「關鍵不在於真假，而在於楊相有沒有應對的辦法和實力！」單獨對著虢國夫人，賈昌的臉色也變得非常嚴肅，想了想，沉聲回應。

「你覺得有嗎？」虢國夫人笑了笑，輕輕搖頭。

「不好說！」畢竟對方是楊國忠的妹妹，一筆寫不出兩個楊字。賈昌才不會據實直言。「右相大人才執掌朝政幾個月，大部分時間都在給前任補窟窿，很多事情根本來不及著手去做。」

這已經是變相在替楊國忠開脫了，虢國夫人對此心知肚明。「你有沒有可以應急的策略？姓薛的

人品雖然不怎麼樣，但他那句早做提防，還是非常有道理的！」

「夫人應該知道，我曾經給右相大人獻過幾策！」賈昌搖搖頭，笑容有些苦澀。辦法的確能想到一些，但楊國忠根本沒有魄力去執行。所以說了也是白說。萬一不小心傳揚出去，自己白白招安祿山懷恨而已。

「他不是答應一有機會，就按照你的建議執行嗎？」虢國夫人將頭向前湊了湊，眼睛被車廂裡的蜜蠟照得一片汪洋。

賈昌聳聳肩，沒有回應。各鎮節度已經成尾大不掉之勢，朝廷動手處理越晚，所要承受的危險就越大。還不如趁現在雙方都沒有任何準備，立刻擺開陣勢。畢竟大唐的國力還沒到支撐不起一場叛亂的地步，節度使們如果沒有絕對把握，也沒膽子輕易造反。

「應該是遠水不解近渴！」虢國夫人又笑了笑，喝過酒的面孔看上去如同一朵怒放的牡丹。「你有沒有能快速見效的辦法。說給我聽聽。我去跟大哥講，無論成敗，都沒有人會怪到你頭上！」

雖然這是個很好的條件，可由一個美女當面說出來，實在太傷人自尊了。眉頭稍微往上一挑，賈昌就要發怒。可目光看到對方的如花笑顏，他的心臟又猛然跳了一下，把身體坐正了些，嘆息著道：「夫人妳這又是何苦呢！把薛某人今天的話如實傳過去就是了！楊相麾下那麼多謀士，還愁想不出個對策來？」

「他們？」虢國夫人的嘴角向上翹了翹，變成了一個非常好看的月牙。「香吟，妳換一輛馬車。順便告訴閒雜人等不要靠近！」

「嗯！」婢女香吟知道主人有機密話要談，答應一聲，推開了車門。整個車隊的速度驟然變慢，直到香吟的身影跳上了另外一輛備用馬車，也沒有再度恢復到原來的速度。

「可以了嗎？」待車門重新關攏，虢國夫人又追問了一句，信手掠過額角上的烏髮。

這個看似漫不經心的動作裡邊充滿了誘惑，令賈昌幾乎無法保持正常呼吸。想了想，他低聲說道：「我這人出身寒微，所以想出來的辦法也未必能上得了檯面。眼下最為簡單的對策，就是請皇上直接下旨，核實各節度使麾下實際兵力。將麾下實力過於雄厚者分拆。或者以平定南詔之叛為名，將南北各鎮節度調防。節度使的根基都在地方，離了治地，自然變成了無本之木，即便心裡有所圖謀，也沒膽子付諸實施！」

這個策略牽扯的層面太廣，不用向楊國忠轉述，虢國夫人就知道自己的哥哥沒那麼大魄力接納。「還有別的辦法嗎？你這麼聰明的一個人，總不至於讓我哥哥在一棵樹上吊死！」

「第二個辦法，更上不了檯面。並且要有人做出犧牲。」賈昌聳聳肩，笑著補充，「就是想辦法將安祿山宣進京師來，然後派遣刺客除掉。不過，事後為了給其麾下那些悍將有所交代，京兆尹要被推出來頂罪，是免不了的！」

這個策略比先前那個容易得多，也更符合楊國忠的脾性。虢國夫人想了想，決定跟自家哥哥說說。「多謝你了。日後有用得著妾身的地方，儘管派人過來言語一聲。無論能否幫上忙，我都會盡力！」

「是嗎？」賈昌立刻笑了起來，瞇縫著一雙小眼睛往虢國夫人身上瞄。纖細的腰肢，高聳的胸口，還有隱隱露出來的一縷白膩。無人能拒絕這種誘惑，他賈昌也不能。「什麼要求都可以提？這可是妳說的！」

「去你個小色鬼！」久經風浪，虢國夫人還能聽不出賈昌話語裡的隱含之意，抬起腳虛踹了一記，低聲罵道。臉上卻沒有多少惱怒之色，反而帶上了幾分讚賞。

「不識子都之美者，無目者也，不識彼姝之美者，非人者也！」賈昌笑著掉了一句文辭，湊上前，做出一副「牡丹花下死，做鬼也風流」的模樣。

這是長安城的潛藏規則。等價交換，童叟無欺！本來也沒指望賈昌能白白替楊家出謀劃策的虢國

夫人笑著搖了搖頭，將眼睛慢慢合攏了起來。對方雖然個子矮小了些，但為人卻不討厭。至少不像某些傢伙，嘴上說得道貌岸然，心裡卻想的是如何把自己往床上騙。

誰料賈昌卻只是向前探了探身，用嘴唇輕輕在虢國夫人的額頭上啄了下，便沒有了進一步動作。「我喜歡讓別人欠我的帳，這樣才覺得心裡特別舒坦！」他輕笑著躲開，笑聲裡充滿了戲謔，「特別是被一個傾城之色天天記在心裡，比吃到嘴中的感覺都強上百倍！」

「你這貪心的討厭鬼！」虢國夫人笑著啐了一口，驚愕之餘，心中隱隱湧起了一縷感動。放眼整個長安城，上至皇帝，下至販夫走卒，只要是個男人，包括堂兄楊國忠在內，所想的都是如何爬上她的床，一親芳澤。但是，今天她卻突然碰上了一個異類，一個身材不足五尺，心卻高可上擎蒼天的異類！

這種感覺很危險。虢國夫人本能地就想掩飾。長著長長睫毛的眼瞼慢慢張開，雙目中的嫵媚勾魂奪魄。人情債難償！比起永遠地在內心中感念某個人的好處，她更習慣現貨交易，錢貨兩清，互不相欠。這樣彼此之間便不會產生更多糾葛，哪怕下一刻就成為敵手，心裡也沒有什麼負擔。

「夫人千萬可別考驗賈某的定力！」彷彿受不了虢國夫人的如絲媚眼，賈昌向後挪了挪身子，笑著調侃。「賈某對自己的要求是一天只做一次正人君子。今天這次，剛才已經用完了！」

「那你想怎麼樣就怎麼樣唄！我一個婦道人家，還能拗得過你一個大男人不成！」虢國夫人白了賈昌一眼，紅唇上宛若有一團火焰在燒。但是，嘴角流露出來的笑意，卻暴露了她的根本不相信賈昌會拿自己怎麼樣！

「那我可就真不客氣了！」望著虢國夫人微微上翹的嘴角，賈昌大聲威脅。身體卻又往後蹭了蹭，脊背重重地撞上了車廂板。

「咚！」包裹一層華麗裝飾的車廂板，發出低低的悶響。二人同時把眼睛睜開，吃吃吃笑了起來，一瞬間，目光裡竟然充滿了友善。

待雙方都笑夠了，賈昌搖搖頭，正色說道：「如果夫人真的想準備更充分些的話。不妨勸右相大人暫且把個人嫌隙向後放放，出手扶持一下安西與河西兩大節度使。畢竟，那邊的兵馬也是久經戰陣的，一旦中原有事，可以調回來拱衛京師！」

「嫌隙？」虢國夫人眉頭瞬間皺緊，一雙鳳眼盯住賈昌，目光凌厲如刀，「兄長跟哥舒翰和封常清兩個能有什麼嫌隙？你是不是聽到了什麼？」

「西邊正在打仗。難道夫人一點也沒聽說嗎？」賈昌將雙目迎上來，笑容依舊波瀾不驚。

「打仗？」虢國夫人心中暗自鬆了口氣，「跟誰在打？我一個女人家，哪可能對西域的事情瞭解得那麼清楚？」

「吐蕃贊普棄隸縮病危，其王子赤松德與大相爭權，國內局勢動盪。哥舒翰大將軍趁著開春雪化之機，領兵南下。將戰火一舉燒到積石山一線。」賈昌想了想，用非常簡潔的語言解釋，「與此同時，封常清帶領安西軍直撲大勃律國，前幾天我看到軍報，安西軍兵鋒已經抵達菩薩勞城下！破國指日可待！」注三

「怎麼又打起來了！」虢國夫人又皺了下眉頭，臉上露出了幾分不耐煩的神色。「你們這些男人，就不能消停一會兒嗎？我聽說那邊除了沙子就是野草，一年當中有七個月要下雪。種什麼莊稼都不長的地方，拿回來有什麼用場？」

這回，她倒不是故意作假，而是對西域正在發生的戰事的確一點都不感興趣。如果不是去年為了殺人滅口，她甚至連哥舒翰、封常清等人的名字都懶得弄清楚。反正這兩大節度使很少回京城，跟她、與楊氏家族，幾乎沒有任何利益衝突。

眼下，虢國夫人對西域兩大藩鎮的認識比去年略微多了一點兒，但也非常有限。記憶裡，她僅有印象是：「哥舒翰這個人辦事不怎麼靠譜。」至於封常清，哥哥楊國忠在得知王洵到了安西後，一直為此人會不會借機要脅自己而憂心忡忡。

如今看來，哥哥楊國忠倒是太多慮了。對封常清而言，眼下心思顯然都放在了為大唐開疆拓土，借此建立絕世功業方面。而王洵那小傢伙，估計十有八九到現在還不明白他自己怎麼去了西域，怎麼又在路上遇到了那麼多磨難！

即便王洵和封常清兩人都知道了些內幕，事到如今，虢國夫人心裡也不像當初那麼害怕了。京師中當時對妹妹跟壽王之間的未了餘情有所察覺者，可不僅僅是那些倒楣的飛龍禁衛！但事情發生後，冠軍大將軍高力士一直在大力幫忙掩蓋，李氏皇族中的知情者，除了死去的六王爺之外，也都三緘其口。大夥顯然都不想讓此事鬧大，鬧得皇家再次出現父子相殘的慘事。虢國夫人現在都有些懷疑，李隆基自己是不是也對此事心知肚明，但是出於對壽王和玉環兩人的負疚，所以選擇了睜一隻眼，閉一隻眼。

畢竟，玉環是他從親兒子壽王手裡強奪來的。畢竟，他年齡已經那麼大了，夫妻之間很多事情都是有心無力。

「吐蕃一直是我大唐的跗骨之蛆。哥舒翰在積石山一線站穩腳跟，就能徹底堵死吐蕃人北出祁連的通道。」見虢國夫人抱怨了一句之後就沒了下文，賈昌誤以為她在困惑於西域方面的戰事，趕緊笑著替她分析。「而哥舒翰那邊牽制住了吐蕃人的力量，大勃律國背後就只剩下了黑衣大食。如果封常清能給黑衣大食人迎頭痛擊的話，不但可以替高仙芝報了當年兵敗怛羅斯之仇，而且可以徹底堵死大食人東進的一條捷徑！」

虢國夫人忽閃了幾下眼睛，嘴角露出一絲無奈的苦笑：「你說的這些，我根本不懂！我估計，兄長心裡懂得未必比我多多少。如果我貿然跟他說起這些話，很難起到什麼效果！」

「機不可失，失不再來！吐蕃的少贊普赤松德乃金城公主所生，精通吐蕃與大唐兩家文字。並且自幼拜唐人為師，學習大唐兵法與治國之術。他現在被大相和國中貴戚聯手壓制，所以展現不出頭角

注三、大勃律國，今天的喀什米爾地區。

來，哥舒翰還找得到進攻機會。一旦他成功驅逐大相，奪回王權。憑著吐蕃人天生對惡劣條件的適應性，恐怕我大唐兵馬在高原之上很難與其爭鋒。」見虢國夫人有些心不在焉，賈昌不由得將聲音提高了幾分，急切地補充。

「如果光是一個哥舒翰，還比較好辦！」虢國夫人嗔怪地白了他一眼，很不理解他到底收了封常清和哥舒翰二人多少好處，居然辦事如此賣力。「那個封常清，素來特立獨行，非但跟兄長合不來，左相陳大人對他的印象也非常不好！」

「封常清那邊，比哥舒翰還重要許多。」賈昌喘了口粗氣，繼續耐著性子分析利害，「夫人可知道，當年在怛羅斯河畔，高仙芝將軍就在大食人手裡差點兒全軍覆沒。雖然事後大食人因為內亂，暫時停止了東進腳步。可經歷了這幾年休整，它的元氣已經恢復，又開始蠢蠢欲動。如果此番封將軍重蹈高將軍覆轍的話，我恐怕，整個安西都將不復為大唐所有！」

「有你說的那麼嚴重！」虢國夫人還是不太敢相信。「那麼荒涼的地方，還真有人當它是香餑餑啊！」

「萬一西域喪城失地，恐怕第一個受責難的就是右相大人！」賈昌氣得直想打人，忍了又忍，才大聲補充道。

這話，終於讓虢國夫人慎重了些。猶豫了一下，沉吟著回應，「可我怎樣才能讓大兄明白呢？畢竟，我從來不干涉他的事！」

賈昌的眉頭微微一皺，然後迅速給出了更有說服力的理由，「夫人只要告訴右相大人，如果安西與河西兩大藩鎮聯手，實力足以克制住安祿山，就足夠了！」

「嗯。那倒是可以試試！」虢國夫人終於輕輕點頭。突然，她又抬起眼睛來，狐疑地看向賈昌，「你怎麼知道的這麼多？說出來總是一套一套的？」

「妳沒聽人說過嗎？凡是個子矮小者，都是被太多心計所壓的緣故！」賈昌笑了笑，給出了一個非常俏皮的答案。

「鬼才信！」虢國夫人歪著頭看他，目光裡充滿了懷疑。「哥舒翰和封常清兩個傢伙許給你好處了？還是你本來就跟他們二人關係不錯？」

「我跟妳說，我從來沒跟他們打過交道。他們兩個也根本不會拿正眼看我，妳信嗎？」賈昌露齒一笑，連連搖頭。自己只是想做點兒事情而已，為什麼總是引起這麼多猜測。難道大唐朝廷，早就已經沒有肯不拿好處做事的人了嗎？

「不信！」虢國夫人非常乾脆地回應，然後繼續用審視的眼光看著賈昌，彷彿要把秘密從他心底給挖出來。

「那我告訴妳，我是個唐人。這個理由，夠不夠份量！」賈昌驕傲地揚起頭，大聲說道。

「廢話，誰不是唐人？」虢國夫人被說得有些發懵，眉頭擰成了淡淡的一團。

「妳不懂。夫人！」賈昌嘆了口氣，信手推開了車門。「妳真的不懂！」

外邊天色已經大亮，朝陽從車廂口照進來，將他的身影瞬間拉得老長。這一剎那，他是個包裹著萬道鎏金的巨人。

【第二章】綢繆

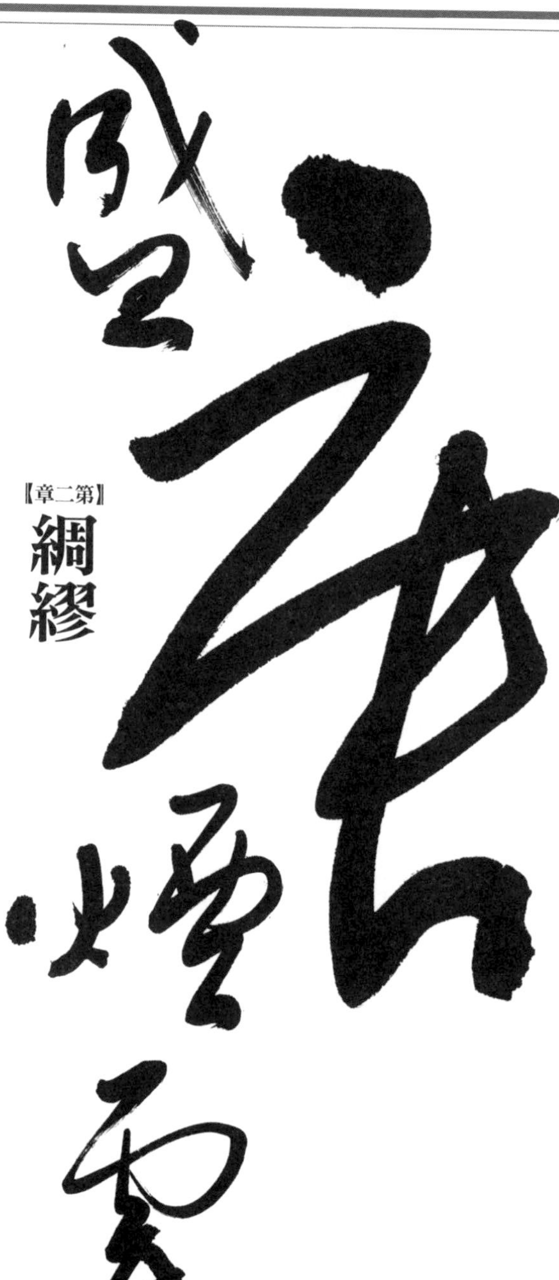

也許是被賈昌為虢國夫人精心準備的說辭給打動，也許是心中實在覺得虧欠自己這個堂姐太多。

得到虢國夫人的建議之後沒幾天，楊國忠就跟自己的心腹幕僚們，商量出來了一個非常大度的決定。

暫時拋下因為追殺幾個微不足道的小人物，而與哥舒翰和封常清造成的嫌隙。著力扶持河西、安西兩大藩鎮，以期二者能與丞相府聯起手來，共同應對由三鎮節度使安祿山挑起的爭端！

次日早朝，中書舍人宋昱、吏部郎中鄭昂二人聯名上本，請求朝廷表彰哥舒翰、封常清等前線將士的破賊之功，以鼓勵其繼續浴血殺敵。話音剛落，翰林學士張漸與京兆尹鮮于通立刻出列唱和。這幾個都是楊國忠麾下的得力幹將，平素恨不得一個鼻孔出氣。因此朝中群臣略加琢磨，旋即就明白了對河西與安西兩鎮的封賞不可能被逆轉。因此也不願意出面枉做小人。

左丞相陳希烈素有印章宰相之稱，當年李林甫得勢之時依附於李林甫。如今看到楊國忠及其黨羽在朝中勢大，又轉而依附於楊國忠。見朝中同僚無人出言反對宋昱、鄭昂等人的提議，也從給丞相設立的專門座位上站起身，力薦哥舒翰和封常清之能。

大唐天子李隆基最近正忙著跟楊玉環以及一眾梨園子弟編排最新的歌舞，對這等「雞毛蒜皮」般的「小事」很提不起精神。又加上安西、河西兩鎮將士的功勞的確是實打實擺在明面上的，便揮揮手，笑著命令：「既然如此，就不必再議了。中書、門下兩省先擬個具體賞賜章程出來吧。送到朕的書房，由朕看過之後，再交給尚書省頒布褒獎便是！」

「陛下聖明！」右相楊國忠早就料到會是如此結果，立刻站起身，大聲回應。

「陛下聖明！前方將士若聞此訊，敢不用命殺敵乎？」左相陳希烈、京兆尹鮮于通、中書舍人宋昱、吏部郎中鄭昂等人緊隨楊國忠身後，齊聲歌功頌德。

這氣象可比前兩年右相李林甫、京兆尹王鉷、侍御史楊國忠三人爭權之時和諧得多，已經做了四十多年太平天子，對朝政早已厭倦的李隆基見此，心中很是高興，順口便又追問了一句：「左藏可還

殷實？」注一

楊國忠早有準備，微微躬了躬身，笑著回應：「托陛下的洪福，地方上連年大熟，左藏裡的財帛幾乎都要放不下了！昨天下午臣親自去驗看，發現有些穿著銅錢的麻繩，都已經放爛了！」

他在度支員外郎這個位置上起家，斂財的本領相當有一套。早在取代李林甫之前，就力主虛外實內，將各地州縣庫存的糧食、布帛變賣掉，變成黃金、白銀、銅錢和綢緞等硬通貨，送往京師統一調配。取代李林甫之後，更是連每年各地的丁租地稅也盯上了，不管道路損耗，要求地方必須如數上繳。如此一來，短時間內國庫倒也顯得充實，宮中需要單獨增加撥給之時，戶部不敢再以左藏空虛的理由向皇帝哭窮。並且逢年過節，京中文武百官的燭火錢、柴薪錢，也以肉眼可見的速度成倍的上漲。注二

然而，府庫被中樞搬空了，地方上的財政難免要捉襟見肘。一旦有了水旱災害或者其他緊急事件，官員們根本沒有餘力應對。只能寫摺子向中樞求援。而等中樞的錢糧撥下來，往往大半年時間早已過去，即便經手官吏不層層剝皮的話，也失去了其應有作用。但是，此項政策受益者是皇帝本人和朝中大部分官員，所以很少人願意出言反對。即便有一兩個意識到其弊端者，一則不敢面對楊國忠兄妹的打壓，二來也不敢犯同僚的眾怒，只好閉上眼睛，裝作什麼都沒看見。

此刻的大唐天子李隆基，可沒那麼多精力理會地方上的難處。他已經年近古稀，更關心的是如何留下力氣安享散朝之後的愜意時光。聽楊國忠奏聞左藏裡穿銅錢的繩子都已經爛掉，想都不想，笑著說道：「左藏充盈，關朕的洪福什麼事？這都是你們這些臣子盡心做事的功勞！既然左藏裡邊的錢已經放不下了，就拿出些來，把嶺南到京師的驛道修補一番。免得那邊的奏摺，總是要在路上耽擱很多時日。」

「是！」又是陳希烈帶頭，眾人躬身回應。

注一、左藏，即唐代國庫。掌錢帛、雜彩、天下賦調。

注二、燭火錢、柴薪錢，是唐代對官員的工資外的額外補貼。

皇帝陛下修整驛道的理由實在有些牽強，嶺南乃官員流放之所，除了天下海商雲集的廣州城外，實在沒什麼值得需要朝廷關心的地方。然而夏天將至，貴妃娘娘喜愛的荔枝卻需要及時送來。此果保存非常不易，即便採摘之後放在冰盒之中，七天之內送不到京師，也是色、香、味盡去，搏不來紅顏一笑了。

聽群臣的回應之聲不像先前一樣高，李隆基也覺得有些心虛。唯恐門下省藉故刁難，封還了自己的聖旨，想了想，又笑著說道：「如果還有盈餘的話，把驪山那邊的行宮也整飭一下。天熱之後，朕和諸位肱骨一道去驪山避暑。總好過悶在這蒸籠般的長安城裡揮汗如雨！」注三

天子願意與臣下同樂，群臣豈有不願意之理？念在陛下有福和大家同享的份上，眾人在陳希烈的帶領下，再度躬身領旨。楊國忠本來想出言反對，見到大夥個個興高采烈，也只得皺著眉頭隨波逐流了！

只是，把自己好不容易從地方上斂來的錢財，都花在運送荔枝和大修宮室上面，本來打算撥給河西和安西兩地將士的賞賜，未免就要受到影響。不過這點兒小問題壓根兒難不住中樞、門下兩省的肱骨重臣，散朝之後，他們立刻聚在政事堂中，根據皇帝陛下和各方勢力的需求，拿出了一個非常妥帖的方案。

哥舒翰有開疆拓土之功，進封西平郡王。其所保舉的有功將士，如火拔歸仁、高適、王思禮、渾唯明、嚴武、阿布思、跌思泰等，皆有封賞。此外，朝廷再頒給每名參戰士卒錦緞兩匹，折成銅錢，由哥舒翰代為領取。

封常清的出身遠比哥舒翰寒微，所以此刻雖然立有大功，卻封不得王。只進封了個寧西郡公之爵，在京師內賜宅邸一座，提拔一子為五品文官。麾下有功將士，如段秀實、周嘯風、趙懷旭、李元欽等，根據各人原來職位以及新立下的功勞大小，升賞不等。與對安西軍的政策一樣，朝廷也頒給每名參戰士卒錦緞兩匹，折成銅錢，由節度使封常清代為領取。

然而，由於河西與安西兩地距離京師路途實在過於遙遠，錢糧財帛在運輸過程中，折損甚重。所

以，朝廷這次體恤民力，稍做變通。不立刻兌現撥給安西、河西兩軍的財帛賞賜，而是准許哥舒翰和封常清兩人從治下各州郡應該押送往京師的賦稅中，酌情扣留。並且可以多折算一成損耗。鑒於兩地人口稀少，本年度的賦稅可能不夠扣，所以可以連下一年，乃至後年的賦稅，也都截留下來，以折算軍需和朝廷允諾的賞賜。

「這個先例一開，各鎮節度使手中的實權，可就更大了！」左相陳希烈穩重，看到楊國忠等人只一味地想著如何替國庫省錢，卻不考慮准許節度使扣留朝廷賦稅抵充軍資這條策略出臺後所帶來的長遠影響，斟酌了片刻，陪著笑臉提醒。

「李相在位時，節度使們手中的實權，已經難以控制了！不差這一點兒半點兒！」楊國忠登時把眉頭一皺，毫不客氣地反駁。

「老夫，老夫……！」陳希烈沒想到自己的一番好心被當成了驢肝肺，臉色微微一黑，喃喃地回應。

「楊某莽撞了！」楊國忠迅速意識到自己現在沒必要與陳希烈這種人畜無害的和事老做對手，趕緊抱了抱拳，叫著對方的表字低聲致歉，「楊某不是針對至柔公。楊某是憂心國事，一時失態而已。至柔公可知，自打三年之前，范陽、平盧、河東三鎮各地的賦稅，就一文都沒往國庫上繳過！同樣是替我大唐開疆拓土，楊某實在不敢厚此而薄彼！」

「是老夫唐突了。居然沒想到左相大人之策還包含著如此深意！」陳希烈雖然心裡頭很不高興，卻順從地借著楊國忠給的臺階往下走。安祿山仗著有李林甫撐腰，一直以對契丹的戰事緊張為名，截留朝廷賦稅。而李林甫卻對此睜一隻眼，閉一隻眼。如今楊國忠想借助哥舒翰和封常清二人的力量制約安祿山，少不得也要給予同樣的好處。否則，只會令安祿山的勢力越養越強，而相反的哥舒翰和封常清兩人卻因為遵守朝廷法度，反而無法快速壯大自己。

注三、古代門下省，如果覺得皇帝的命令欠缺考慮的話，可以封還皇帝的聖旨，不予頒發。

道理一點就透，只是大夥誰也不把話說得太明白而已。有了陳希烈這老好人帶頭，其他中書、門下兩省的官員們，紛紛出言附和。個別人還由此想到安西、河西兩軍將士接到朝廷的賞賜之後如何感恩，如何上下用命，不覺飄飄然，連耳朵都被熱血給燒得發紅了。

已經升任為給事中的宇文德在封常清保舉的將領中看到了弟弟的名字，一直想借機為家族討取些好處。此刻趁著大夥高興，便將那份奏摺單獨拿了出來，指著中間一段文字，低聲向楊國忠暗示道：「自從大人您掌管朝政以來，大力掃除積弊，正本清源，朝野英才輩出。屬下剛才粗粗掃了一眼封節度給其所部將士的請功奏摺，光是在校尉這一級別的後起之秀，就足足有二十餘人。他們的年齡都在二十至三十之間，假以時日，必將成為替大唐拱衛西陲的棟梁！」

「嗯！」楊國忠手捋鬍鬚，笑著點頭。宇文德是他的心腹爪牙，平素鞍前馬後，任勞任怨，按道理，此人的這點小小要求不該被駁回。然而，這份名單裡邊卻礙著一個大麻煩。去年曾被楊國忠下令追殺的王洵也身藏在其中。此人原本就是一個落了勢的勳貴子弟，頭上頂著子爵的帽子，起步比其將領高出許多。如果拿他跟所有後起之秀同等相待的話，勢必要一騎絕塵。可如果單獨把他一個人剔除出來，又太容易引起在座同僚的注意。

正猶豫間，又聽見中書舍人宋昱笑嘻嘻地說道：「這封節度也忒會做人了，居然把我弟弟宋武的名字也寫在了上面。他是去年春天才到安西的，當時不過是個小小的旅率。怎麼可能立下這麼大的功勞。不行，不行，為了避嫌，也得把他的名字剔除出來！」

「宋大人太謙虛了。豈有如此避嫌的道理？」陳希烈等人的注意力立刻被吸引了過去，紛紛開口，勸說宋昱不要過於折抑自己的家人。一則這樣對宋武本人不公平，二來，被外人一旦想歪了，反而有沽名釣譽之嫌。

中書舍人宋昱本來的目的也不是為了阻礙自己的親弟弟升官。此刻的大唐已經不是立國之初，官

場上講究公正廉潔。內舉不避親在此刻才是王道！否則，一群烏鴉裡突然出現一隻白鴿，肯定會被群喙生生啄死。他這樣做，只是為了提醒楊國忠，封常清本人並沒有跟丞相府為敵的意思，否則，也不會破格提拔宋某人的親弟弟。前年到白馬堡大營投軍謀前程的飛龍禁衛，都是封常清親手挑選的。以其為人的精明，不可能不知道宋武、宇文至兩人與宋昱、宇文德的關係。

果然不負其所望，楊國忠只是略作沉吟，就明白過其中關竅來了。江湖上講究一笑泯恩仇。既然我沒能殺死你，找機會把你拉做同黨，也是一個不錯的選擇。有了好處大家一起撈，聰明人自然就不會把過去的那點兒恩怨放在心上。

本著當年做街頭混混學到的人生經驗，楊國忠迅速做出決定，「宋大人你就不必過謙了，楊某覺得大夥今日的話非常有道理。我大唐想要長久穩住西域，必須大力提拔少年才俊。不看他出身，也不必看他以前做過什麼！否則，等封常清、哥舒翰他們這批宿將老了，誰來替大唐駐守四方？這樣吧，咱們原來的決議改一下，對於放棄了京師的安逸，到西域為國出力者，特別是當年跟著封將軍一道前往安西的那批飛龍禁衛，非但要論功行賞，並且要大力嘉獎，以為天下少年人的表率！你等把楊某這段話加進去，相信陛下看到其中緣由之後，也會讚賞我等的決定！」

「右相大人英明！」話音落下，周圍立刻湧起一片讚頌之聲。特別是如願給自家弟弟討得了好處的宇文德、宋昱兩人，臉上感動的表情清晰可見。就好像下一刻楊國忠讓他們去上刀山下火海，他們也一定會毫不猶豫地去執行。

「嗯！」楊國忠手捋鬍鬚，笑著回應。雖然肚子邊明知道大夥的阿諛奉承沒多少是出於真心，他依舊忍不住有些為自己的急智而洋洋得意。封常清給宇文至、宋武、王洵等人保舉的不過是正五品郎將之職，按照大唐目前的中樞和地方的分權慣例，節度使舉薦五品及以下官員，他根本不能駁回，否則，肯定要冒上與對方徹底交惡的風險。然而，借著短短的一句修飾語，他就輕而易舉地將王洵和其他幾名需要自己重點提拔的少年徹底分割開來。既給了宇文德和宋昱恩惠，又沒有拂了封常清的面子。

「那就將去年主動追隨封將軍去安西為國守土的幾個少年，再升上半級，為從四品郎將，加明威將軍散職，諸君以為如何？」不愧為天下第一老好人，左相陳希烈略一斟酌，便看明白了楊國忠的本意，順水推舟地補充。注四

「善！」楊國忠掃了陳希烈一眼，大笑著撫掌。

宇文德的弟弟宇文至和宋昱的族弟宋武兩人都是春天時主動追隨封常清去西域的，自然要大力嘉獎，以為天下表率。至於去年秋天才押送輜重帶隊前往安西的王洵，在座眾人雖然還沒有意識到楊國忠是刻意將他隔在了被越級提拔範圍之外，但對於這樣一個跟大夥沒任何關聯的小人物，他是按部就班還是魚躍龍門，又有誰會在乎？

依照大唐舊制，凡是涉及到官員升遷、續任、降級諸事，皆需要經由中書省擬議、門下省復審雙重步驟，才能交給皇帝做最終批復。眼下右相楊國忠身兼四十餘職，左相陳希烈尸位素餐，其餘百官趨炎附勢。整個提拔官員的程序就大大地被簡化了。當下，中書舍人宋昱參照「大夥兒」剛才的決議，字斟句酌地將其落在了紙面上，然後交給右左兩位丞相大人過目，待二人都表示沒有任何需要修改之處後，與整飭嶺南驛道、翻新驪山行宮等決議匯總在一起，由專人送入了禁宮之中。

此刻距離散朝僅僅過去了一個多時辰。大唐天子李隆基剛剛與貴妃楊玉環在一起用過午膳，正捧著一碗精心烹煮的小龍團聽對方撫琴。得知臣子們這麼快就把自己交代的事情統統商議妥當了，登時心情大悅。笑了笑，信口誇讚道：「想當初朕提拔國忠之時，還有人說他沒宰相之才。可事實上，他上任後這半年以來，朕可省心多了！」

「陛下不要太嬌寵他！」楊玉環笑著看了李隆基一眼，慢慢從琴弦上收回春蔥般的手指。「哥哥讀書不多，做事也是個急性子。萬一有閃失之處，陛下切莫看在臣妾的面子上護短！否則，誤了國家大

事，臣妾可真是百死莫贖了！」

雖然不是刻意邀寵，但如此善良體貼的話語，怎會不令人心中發軟？大唐天子李隆基笑著站起身，慢慢走到貴妃身邊，拉起對方的手指，「說什麼呢妳？難道朕就那麼不堪，會因為妳而耽誤國事嗎？朕看人，一向看得準。當年啟用元之、廣平兩個，宮外也有很多人懷疑朕的眼光。然而，元之和廣平卻用事實教訓了他們。」

元之是姚崇的字，廣平指的是宋璟，二人都是開元初年任的宰相。上任後掃除積弊，淘汰貪官，力挽大唐由於政局動盪而形成的頹勢。可以說，此後大唐近三十年的繁榮與太平，基礎皆由這二人所奠定。更難得的是，此二人一直深受李隆基的信賴，君臣之間有始有終。直到二人盡享天年，還被李隆基追封褒獎。

楊玉環冰雪聰明，聽了李隆基的話，立刻明白對方是把楊國忠當做了姚、宋那樣的名臣，當即感動得無以復加。蹲了蹲身，用顫抖的聲音回應道：「陛下千萬別這麼說。哥哥即便再歷練二十年，也達不到兩位賢相的一半兒水準。日後他只要不給陛下闖出禍來，臣妾就心滿意足了！」

見寵妃眼中盈盈有淚，李隆基心裡油然湧起一種慷慨豪邁的男兒之氣。笑著將對方拉進懷裡，輕拍著玉背說道：「能闖出什麼禍。天塌下來，有朕替他頂著！國忠如果真的像妳所說，經驗上還差些火候的話，就讓他在丞相位置上歷練便是了。誰還能生下來就懂得怎麼當宰相！」

「陛下恩情。臣妾兄妹縱使粉身碎骨，也無法報答！」聽李隆基說得豪邁，楊玉環抽抽鼻子，低聲說道。

她自問不擅長政務，也懶於關心皇宮外邊的是非。然而，有些關於哥哥姐姐們的風言風語，還是通過各種管道，陸續傳進了她的耳朵裡。什麼「無宰相之德，亦無宰相之才」，什麼「內外勾結，把持朝

注四、唐代官制，郎將分很多種。四品、五品皆有。明威將軍則為從四品散職，可享受從四品待遇，並可以優先補缺。

政」：什麼「姐妹爭寵，穢亂後宮」。林林總總，不一而足。有些是捕風捉影，有些則純屬於惡意誣陷。楊玉環塞不住天下悠悠之口，卻深知樹大招風這個道理。所以隨時隨地，都保持著一分警醒。希望通過自己的絕世容顏和防微杜漸的行止，能夠替家族避免一些可能的災難。

李隆基卻不知道自己的寵妃今天為什麼說話總是帶著幾分悲涼。還以為對方是在趁機撒嬌，用另外一隻手朝對方的鼻子上捏了捏，如慈父般笑著道：「粉身碎骨，朕怎可能捨得？！愛妃哪怕走路急了摔一跤，朕都要心疼好幾天呢！日後令兄在外邊出了差錯，妳粉身碎骨就不用了。直接被朕咬住，一口口慢慢吃掉，也就行了！」

「陛下——！」楊玉環臉上登時騰起一團紅暈，如同白碧上的一縷燭光，令人目眩神搖。

「莫非，愛妃這就想被朕吃嗎？」李隆基心裡立刻熱了起來，笑著追問。

「陛下，陛下還有很多奏摺沒批呢！」楊玉環如同小兔子般掙扎了一下，隨即將臉埋進李隆基的胸口，靜止不動。

二人的年齡相差了三十四歲，身體上的需求根本不是同一種層次。然而，權力向來是最好的補藥，雖然年近古稀，只要不是連續征伐，床笫之中，李隆基的表現也勉強過得去。但此刻天色尚早，顯然不是沉迷於床笫之樂的時候，楊玉環也不想稀裡糊塗背上一個紅顏禍水之名。

「嘿嘿！」李隆基得意地笑。大手順著楊玉環的脊骨慢慢向下滑動。直到懷中的身體顫抖成一團，才抬起來，輕輕地在豐臀上拍了一記，「啪！」

「啊！」與其說是呼痛，不如說是在呻吟。楊玉環抬起頭，媚眼如絲。

「去長生殿等著朕。朕隨便糊弄完這些奏摺，就去聽妳清唱！」李隆基繼續壞笑，放開楊玉環，大步走向御書案。

「陛下，陛下真是……」楊玉環扭扭鼻子，紅著臉慢慢挪動身體。才邁了三五步，腳一軟，差點兒變成滾地葫蘆。已經悄悄躲向門外的宮女們聽到動靜，趕緊搶步進來，伸手架住她的胳膊，「小心些！娘娘，把手放在婢子的肩膀上！傷到腳沒有，快傳太醫，貴妃娘娘腳受傷了！」

換做平常時候，李隆基早就丟下奏摺，快步搶過來查看美人的傷勢了。可今天，他卻突然間轉了性子，兩眼死死地盯著一份剛剛打開的文案，額頭之上，隱隱有青筋聳動。

見到此景，小宮女們也不敢再替貴妃娘娘邀寵了。輕輕向後者使了個眼色，夾著其胳膊，緩緩向門外躲。誰料李隆基年齡雖老，眼觀六路的本事卻沒放下。猛然間皺了下眉頭，沉聲喝道：「回來！愛妃，到朕身邊來！」

「臣妾遵命！」楊玉環被嚇了一跳，心中先前被撩撥起來的火焰盡數熄滅。低頭整了整衣衫，緩緩移動蓮步，「陛下，是臣妾的哥哥做了錯事嗎？陛下儘管把他叫過來痛斥，千萬別因為臣妾而縱容於他！」

類似的意思，她先前就表達過。此刻重新提起，立刻事半功倍。李隆基聞聽，陰沉的臉色迅速放緩，又將楊國忠等人送來的決議反復看了幾遍，沉吟半晌，嘆息著問道：「愛妃今年多大了？」

「臣妾是天寶四年入的宮，如今已經三十有五了。」楊玉環不清楚李隆基為什麼突然關心起自己的年齡，斟酌了片刻，小心翼翼地回答。

「入宮這麼久了啊！」李隆基搖搖頭，臉上的笑容看上去有些發苦，「朕心裡，妳一直還是雙十年華呢。」

「陛下又取笑臣妾！」楊玉環愈發困惑，合了合長長的睫毛，嬌嗔著道。

這番做作，今日卻沒起到應有的效果。李隆基又嘆了口氣，繼續搖頭不止，「玉環，妳實話實說，朕真的已經很老了嗎？」

這個問題，讓楊玉環著實有些為難。李隆基今年已經六十有八了，無論放在哪朝哪代，何時何地，都不能再算做年輕。然而即便在普通夫妻之間，實話實說都未必永遠是條美德。況且此刻她面對的還是一個隨便說句話就可以決定楊家興衰榮辱的人間帝王！

「算了！就當朕沒問！」敏感地察覺到了寵妃心中的猶豫，李隆基突然又嘆了口氣，幽幽地感慨。

「其實，老與不老，不能單憑年齡上算！」見李隆基今天的舉止一再反常，楊玉環心裡沒來由的一軟，笑了笑，柔聲開解。

這本是一句寬慰的話，聽在有心人耳朵裡，卻無疑於天外梵唱。頃刻間，李隆基臉上又閃現了陽光之色，低頭看向楊玉環的眼睛，帶著幾分期盼追問：「是嗎？莫非妳那裡，還有其他算法？」

「當然！」不忍讓李隆基失望，即便是編瞎話，楊玉環也得努力往圓滿編了，「臣妾曾經聽聞，老天給每個人的壽數都不一樣。有人不過才二十出頭，卻滿臉都是皺紋，走幾步路就要停下來大喘氣。而有人即便活到九十開外，卻依舊耳不聾，眼不花，攀山越嶺健步如飛。若不問其年齡，單從身體與精神上看，誰能說他們哪個更老一些，哪個更年輕一些！」

「哦？」李隆基聞聽，臉上的陽光越發濃郁，將先前的灰敗之色剎那間又被沖淡許多。

「並且這些，還與個人福澤息息相關。越是福澤深厚的，越是老得慢。甭說活到九十，即便活到一百到數百歲，也不足為奇。至於那些福澤淺薄者，能活到四十歲，已經算長壽了。」終於從突然降臨的難題之中將自己解脫了出來，楊玉環的嘴巴愈發顯得靈活。順著隱約猜到的對方心思，她將甜言蜜語編得絲絲入扣，「臣妾還聽人說過，昔日的三皇五帝，動輒都是幾百歲，甚至上千歲高壽。而在戰國時期，老將廉頗七十幾歲，每餐依舊能食飯半斗。持槊上馬，斬將殺敵！至於本朝，托歷代明君的福，身子骨幾乎不受歲月影響的人就更多了。光臣妾能說出來名字的，就不下二十幾位！」

後半段話，已經是明顯地在混淆年齡與身體狀況二者之間的差別了，偏偏李隆基還越聽越順耳。笑了笑，主動順著楊玉環的話頭補充道：「是啊，本朝開國高祖，古稀之年依舊能彎弓射雁。太宗他老人家雖然去得早，可也是龍行虎步。朕的福澤雖然不能跟高祖比，然而在治國方面，也沒令他老人家

蒙羞！」注五

「豈止是沒讓高祖他老人家蒙羞！外邊百姓口中，也一直交口稱頌您的功業。都說您在位這些年，大唐無論國力和民間殷實程度，遠邁仁壽與貞觀呢！」楊玉環向對方投過去讚賞的一瞥，笑著補充。

雖然明知道這是一句恭維話，李隆基卻依舊覺得心裡頭非常舒坦。搖搖頭，笑著謙虛道：「那些村夫村婦的言論，又豈能當得了真。他們不過看到自家米缸裡多了幾升餘糧罷了，怎會體味到高祖當年平定亂世之艱難！」

「可陛下當年，也曾力挽天河啊！」楊玉環抬起頭，眼中崇拜之意清晰可見。「臣妾聽長輩們說，當年韋后和太平公主輪番折騰，把大唐江山弄得搖搖欲墜。多虧了陛下果斷出手，才力挽狂瀾於既倒！」

李隆基心中最得意的幾件事情之首，便是年輕時先輔佐父親誅殺韋后奪取大位，然後又在眾人幾乎都認為不可能取勝的情況下，將父親的盟友與自己的親姑姑太平公主誅殺。徹底扭轉了大唐朝廷內部連年動盪的局面。

那年他不過才二十八歲。精神和體力都旺盛過人。對大局的掌控和判斷能力，也遠遠超過其他幾位做過皇帝的父親和叔叔們。在姚崇、宋璟等人的輔佐下，整肅吏治、選拔良材、廣開言路、勇於納諫。前後不過短短五年，就使得大唐重新煥發了活力。不但令百姓生活日益富足，而且通過一系列惡戰，重新收回了在武后當政年間逐漸失去的西域、遼東等大片疆土。

可現在，他已經六十八歲了。一想到這其中四十年的差距，李隆基的臉上的陰雲就又開始重新匯攏。自己老了，想不承認都不行。四十年前，自己即便大事小事都親力而為，也不會覺得絲毫疲憊和厭倦。而現在，即便經楊國忠等人再三挑選過的奏摺，自己批閱起來依舊感覺到筋疲力竭。

注五、李淵是有名的神射手。年輕時去竇家求親，曾經射中屏風上的孔雀眼。憑此神射一舉壓服眾多競爭者，如願抱得美人歸。後世野史為了突出李世民的功績，對李淵的形象貶損過多。但對射藝卓絕這方面的記載，卻依然保留了下來。

看著李隆基臉色又開始發沉，楊玉環慢慢地將身體靠上去，依偎著對方的肩膀，軟語說道：「其實陛下看上去年齡真的不大。倒是臣妾，最近容顏漸衰，今早照鏡，居然看見了幾根白頭髮！唉！」

「唉！」李隆基心有戚戚，嘆息著回應。

自古美人如名將，不許人間見白頭。自己看到楊國忠等人的奏摺裡，為了防備封常清、哥舒翰這一代名將的老去，主張大肆提拔年輕將領，進而心有所觸，怒不可遏。玉環又何嘗不在日日擔心著年老色衰，寵愛漸退。想到這兒，他心裡與對方的共鳴更強。笑著捧起對方的臉，低聲說道：「盡說傻話，妳才多大，就敢喊老！」注六

「陛下不會因為臣妾老了，就不再寵愛臣妾吧！」楊玉環用雙手蓋住李隆基的手背，彷彿祈求般，低聲囈語。

「不會。妳不老。朕也不會嫌棄妳老！」李隆基的心緒立即軟得柔可繞指，點點頭，鄭重許諾。

「那臣妾也永遠不會嫌陛下老。即便有朝一日陛下真的老了，也不會嫌棄！」彷彿突然變成了小孩子般，楊玉環閉起眼睛，自顧說著傻話。

望著眼前那嬌豔的紅唇，李隆基的心裡柔情翻滾，「行。朕跟妳約定。咱們這輩子，誰都不會嫌誰。一起相守終老！」

「謝陛下！」楊玉環突然感傷起來，珠淚順著眼角滾滾而落。「有陛下這句話，臣妾即便現在就死，也值得了！」

「傻孩子！」李隆基伸開拇指，輕輕抹去寵妃臉上的眼淚。淚很熱，他的血液也被燒得慢慢發燙，「妳可真是個傻孩子。咱們誰都不嫌誰，不就行了嗎？妳不嫌朕，朕亦不嫌妳。一起老，一起死，一起羽化，升天，如何？」

「臣妾的確有時會犯傻。」楊玉環哭得愈發傷感，抱住李隆基骨瘦嶙峋的身體，將頭埋進去，嗚咽

有聲。「陛下莫嫌臣妾。臣妾亦不嫌陛下。這輩子剩下的日子就一起廝守著過，誰也不辜負誰！」

「嗯！」李隆基笑著用大手慢慢拍打美人的玉背。自己剛才真是犯癡了，楊國忠他們也是為這個國家的長遠著想，自己怎麼無端就發起了火來？連累得玉環也受了池魚之殃，差點被自己給嚇壞了。自己應該考慮到，她一向膽小。怕擔上後宮干政之名，從來不敢對朝中的事情發半句議論。包括這次提拔楊國忠為相，她知道後，都一而再，再而三地委婉向自己表白，不願意因為家事而影響到國事。更不願意因為楊國忠在朝中犯了什麼錯，無端沖淡了自己對她的寵愛。

越是往細裡琢磨，李隆基越是後悔。越是後悔，他心裡頭越發柔情四溢。帶著幾分歉疚，他俯下頭去，在對方耳邊柔聲說道：「玉環，還記得去年七夕，朕跟妳一道把酒賞月之時，朕跟妳說過的話嗎？也許妳已經忘了。同樣的話，朕這輩子除妳之外沒對任何人說過。」

聞聽此言，楊玉環的眼淚戛然而止。梨花帶雨般的臉上，又是感動，又是愧疚，「臣妾今天犯傻，陛下不要怪罪！臣妾以後再也不會了！」

「傻話，朕怎捨得怪罪妳！」李隆基笑著捏了捏對方的鼻子，溺愛地說道，「記得那句話嗎？也許妳已經忘了，但朕自己卻牢牢記在了心裡！」

「臣妾怎敢忘！」楊玉環揚起臉，雙目之中波光瀲灩，「在天願做比翼鳥……」

「在地願為連理枝！」李隆基雙臂猛一用力，將對方穩穩地抱了起來。有些吃勁兒，但這副自幼練武的身體還撐得住。「朕不會忘，妳也不准忘！」

「陛下！」楊玉環嬌聲呼喊。無論她對李隆基的感情有幾分是真，至少在現在這一刻，她被對方深深地給打動了，「這裡是御書房啊。您還有一大堆奏摺呢。啊、呀——！」

「去他娘的御書房，去他娘的奏摺！」李隆基順口罵了一句，臉上沒有絲毫九五之尊的穩重。趔趄

注六、自古美人如名將，不許人間見白頭。此語出處不詳，最早見於清代。

著急行數步，將楊玉環壓在了御案後寬大的胡床上。誰說朕老了，朕就是沒有老。六十八歲算什麼，朕這就試給自己看！

「哎呀——」書房門被人從外邊輕輕關緊。碧瓦紅牆內，幾株晚桃開得正豔。

須臾雨收雲散，李隆基覺得自己心情和精神都好了許多。看了看摞在御案上那一堆待批的奏摺和詔敕，歉意地笑了笑，低聲叮囑：「傳宮女進來扶妳回長生殿吧！朕把手上這些麻煩處理完了，就過去尋妳。叫御膳房準備好飯，咱們兩個晚上一起吃！」

「嗯！」楊玉環低聲回應，用力支起上身，「不用叫人進來，臣妾自己能……哎呀！」胳膊突然一軟，又迅速跌回了胡床裡。

「愛妃可曾摔到了？」李隆基被嚇了一跳，趕緊俯下身去，查看對方是否受傷。回答他的是一聲膩膩的呻吟，「皇上——！皇上別看了！臣妾沒事的。臣妾就是身子有些發軟而已嘛！」

「嘿嘿嘿嘿！」雖然貴為九五之尊，李隆基此刻卻和長安城中的凡夫俗子沒什麼兩樣，作為男人的自豪感在心中油然而生，「還是叫宛如她們進來扶妳吧。小心些，地上有點兒滑！」

「嗯！」楊玉環再次低聲回應，凝脂般白淨的面孔上塗滿了嬌羞，「那，那臣妾就先告退了。臣，臣妾在長生殿等著陛下！」

「愛妃去吧。好好睡一覺！來人——」李隆基笑了笑，喊進一直躲在御書房門外伺候的宮女，命她們小心攙扶貴妃娘娘下去休息。然後自己在書房裡踱了幾個圈子，收了收心，慢慢坐回御案之前。

自有當值的小太監及時跑進來，替他更換茶湯，鋪開筆墨紙硯。李隆基信手拿起擺在最上面的一份詔敕，順著剛才中斷的地方流覽了下去。平心而論，楊國忠等人作出的這份詔敕中規中矩，除了幾處建議朝廷大力提拔年輕才俊的話，剛才曾經令他看得有些扎眼之外。其餘各方面考慮得都很合他的心意。既沒有增加國庫的支出，又不會給前方將士造成朝廷刻薄寡恩的印象。

然而楊國忠為什麼平白又送了一大堆人情給封常清的手下？猛然間，李隆基再度皺起了眉頭。他年輕時記憶力非常驚人，幾乎能達到過目不忘的地步。如今雖然有所衰退，幾天前剛看過的東西，心裡邊也會留下些朦朦朧朧的印象。

記憶中，封常清是中規中矩，將麾下的一批年輕心腹都保舉了正五品郎將才對？怎麼被楊國忠等人一議，就突然又升了一級，並且在實授官爵之外還加了從四品武散職？難道封常清這麼快跟楊國忠就內外勾結起來了嗎？

宰相和封疆大吏內外勾結，放在任何朝代都是個大麻煩。哪怕僅僅是個萌芽，也要迅速將其扼殺。略做猶豫，李隆基威嚴地向外邊喊道：「來人，宣驃騎大將軍，命其火速來書房見朕！」

門外當值的小太監姓馮，是高力士一手提拔起來的心腹。聽出李隆基的語氣不善，趕緊答應了一聲，撒腿向高力士在宮中的居所跑去。

片刻之後，驃騎大將軍高力士頂盔貫甲，帶著十幾名飛龍禁衛，氣喘吁吁地趕到了御書房外。腳步還沒站穩，立刻大聲稟報：「啟奏陛下，末將高力士，奉命前來見駕！」

「進來！」李隆基顯然還在懊惱當中，沉聲命令。

高力士四下看了看，從周圍的太監宮女臉上，得不到半點兒暗示。顯然，大夥都被皇帝陛下突然而來的怒火嚇壞了，誰也沒膽子入內探聽究竟。這種時候，他只能完全憑著自己的本事去揣摩聖意了，心腹們根本幫不上忙。好在以往的經驗此刻還能派上些用場，高力士把心一橫，用力拍了拍身上的明光鎧，發出「咚」地一聲巨響。隨後，大步邁進御書房內。

他身材本來就非常高大，為了討李隆基的好，又刻意選了雙厚底戰靴穿在了腳上。因此剛進門，就令書房內的光線瞬間一暗。李隆基見到他如此做派，忍不住莞爾一笑，搖頭問道：「你這是幹什麼？朕又沒說要你跟人去拚命！」

「陛下不是說，宣驃騎大將軍見駕嗎？」高力士拱了拱手，朝李隆基施了個不甚標準的軍中之禮，「所以末將就以為，陛下一定是發現了什麼異常情況。需要末將提刀上馬，替陛下衝鋒陷陣！」

「呸。朕麾下又不是沒人可用了，衝鋒陷陣，哪還能輪得到你這把老骨頭！」李隆基笑著啐了一口，心中的不快一掃而空。

「衝鋒陷陣自然輪不到末將。然而末將雖然不中用，危急時刻，這把老骨頭卻可以最後一個擋在陛下身前！」高力士笑了笑，大言不慚地自我表白。

話音剛落，一抹溫情就湧了李隆基滿臉。當年他糾集嫡系與太平公主火併，高力士就是穿著同樣的一襲明光鎧，護在了他正前方。太平公主府中的死士箭如雨下，但全被高力士用身體和兵器擋住了去路，一根都沒射到他李隆基身上。

戰後太醫給高力士治傷，光破甲錐就從其身前拔下二十餘支。其中幾支入肉盈寸，再深一點兒，就會要了他的小命。然而高力士卻絲毫不以此為功，傷好後，立刻默默回到了李隆基身邊，繼續鋪紙磨墨，盡一個貼身小太監的本份。

也因此李隆基對高力士寵信極厚，除了將其提拔為內宮第一人之外，外面的文職、武職也給他頭頂上加了一大堆。其中最為顯赫的便是驃騎大將軍之位，直與漢代曾經數度深入大漠，打得匈奴人望風而逃的霍去病比肩。

君臣間隨口又說笑了幾句，御書房的氣氛立刻活躍了起來。李隆基將手中詔敕向前推了推，笑著說道：「其實朕今天宣你，並不是什麼大事。楊相他們向朕保舉了幾個年輕才俊，據說都是從白馬堡大營出去的。朕想起他們曾經是你手下，所以就徵詢一下你的看法！」

「不瞞陛下。末將去年偷懶，對飛龍禁衛整訓的事情，沒怎麼上心。日常事務，全是靠封常清和他

麾下那幫百戰老兵在做！」因為頂著一個驃騎大將軍的頭銜，所以高力士可以用「末將」一詞來自我稱呼，並不像其他內宮太監一樣，直接把自己定位於皇帝的私人奴婢。「不過若是有人表現非常出色的話，末將心裡也會多少有那麼點兒印象！」

說著話，他探過半個身子，用眼睛往御書案上掃去。剛剛掃了沒幾個字，心中立刻「」咯噔」了一聲，眉頭緊跟著就皺了起來。

「怎麼？這些人表現並不出色是不是？」李隆基的眉頭隨著高力士的表現而皺緊，臉上的怒氣一閃而沒。

「不是！末將，末將只是沒想到，他們幾個小傢伙，居然在邊軍之中，也能這麼快站穩腳跟！」高力士一邊遮掩，一邊在肚子裡暗罵楊國忠糊塗。俗話說，打虎不死必受其害。咱家既然昧著良心把姓王的小傢伙交給了你。你就該乾淨徹底的把麻煩解決掉。都身居百官之首了，居然還改不了江湖習慣。殺不了對方，就想著給點兒好處以求恩仇盡泯？你以為是街頭混混搶地盤嗎？還帶打完了架就擺桌子酒席把盞言歡，從此井水不犯河水的？

「你記得他們？」李隆基敏銳地察覺出高力士有點兒言不由衷，看了他一眼，目光中隱隱帶上了幾分凌厲。

「末將，末將的話說出來，可能，可能有點兒得罪人。這幾個，這幾個小傢伙，當時在白馬堡中，並不是表現最搶眼的。」高力士心中猛然警覺，趕緊把對楊國忠的腹誹藏好，順著剛才說過的話給自己圓謊。

「哦？」李隆基低聲沉吟，「說說，那他們怎麼會得到封常清和楊國忠兩人的賞識？」

「他們，他們……」高力士臉上的表情更為尷尬，好像非常為難一般，吞吞吐吐地說道，「陛下也知道。前年末將在白馬堡奉命練兵，很多世家子弟，都把加入飛龍禁衛作為了終南捷徑！這幾個小傢伙，都是勳貴之後，剛入軍營時個個都細皮嫩肉的，沒少拖累軍中同僚。不過，經歷了最初的幾個月磨練之後，他們倒也沒給長輩丟人。後來他們追隨封常清去了安西，想必因為父輩的關係，在那邊也會被將領們高看一眼。立功的機會就難免比普通人多一些！」

「哦！」李隆基笑著點頭，目光再度落於那幾個被楊國忠額外施恩者的名字上，「宇文……？這個姓氏可不多見？宋武，朕好像聽什麼人提起過，莫非他跟中書舍人本是一家？」

「陛下目光如炬！」高力士見李隆基的注意力成功被自己吸引，趕緊大聲拍對方馬屁。

「這些不爭氣的東西！」李隆基笑著罵了一句，心中的最後一絲猜疑也煙消雲散。給事中宇文德是楊國忠的心腹，中書舍人宋昱也是楊國忠的黨羽。他們借機給自己的弟弟和族人撈取好處，乃人之常情，不足為怪。

猜到了其中關鍵，李隆基非但不生氣，心中反而頓時感覺到一陣輕鬆。如今已經不是姚崇為相的時候了，對官員的個人品行要求沒那麼嚴苛。事實上，即便是姚崇做首輔之時，朝臣們為家人撈好處的事情也無法完全禁絕。做了這麼多年大唐天子，李隆基對底下官員的心思摸得很透徹。他不怕臣子們為家人謀取私利，只要不過分，他反而會默認這種行為。

自家的孩子用得放心。凡借助家族力量爬到一定位置的，其一舉一動，也必然會考慮到背後的家族。這種人，駕馭起來比心中無所顧忌者相對容易得多。也最不容易對朝廷產生怨恨。畢竟，其家族利益已經跟大唐朝廷牢牢地凝結為一個整體。休戚相關，榮辱與共。

「宋舍人他們幾個，這回的確做得太露骨了些！陛下可以將這份詔敕駁回去，讓他們重新來過。想必，他們心中有愧。不用陛下明說，也會痛改前非！」揣摩出李隆基不打算深究，高力士立刻做出一份義正辭嚴的模樣，大聲建議。[注七]

「算了吧！他們肯讓自家子侄到軍前效力，也是難得！」李隆基大度地擺了擺手，笑著否決。「莫

說幾個小傢伙還立下了些功勞。即便他們還賴在長安城中混吃等死，看在他們父兄的份上，朕也不能太虧待了他們！」

「陛下這話要是讓宋舍人他們幾個聽見，羞也要羞死！」高力士笑著補充了一句，馬屁拍得半點痕跡也不著。

「水至清則無魚。他們肯盡心為朕做事，朕也不能一點好處也不給他們留！」李隆基笑著將馬屁收下，繼續流覽一千年輕才俊的名姓，「這個叫王洵的小傢伙，朕還有些印象。去年平定王氏兄弟之亂，好像他還立了大功吧。朕記得，曾經賜了他一個紫銅魚符帶！」

「的確是他。瞧末將這記性，陛下不提，末將差點給忘了！」儘管心裡一百二十個不情願，高力士見遮掩不過去，還是將王洵底細給背誦了出來。「他也是托了關係進白馬堡大營的。剛開始時表現也是平平。後來不知道為什麼原因陰差陽錯，居然成了揭穿王氏兄弟謀反案的關鍵人物！」

「朕記得他！」李隆基對王洵的印象可不止這麼一點點兒。「前年在驪山行宮，他曾經帶著一夥人為朕清理道路上積雪。幹活時很賣力氣！宋舍人他們幾個這事兒做得有失公允了！既然越級提拔，就要准許別人借風扯帆。怎麼能只顧照應自家兄弟，把別人直接漏在了外邊。讓安西將士看見了，豈不是要從此疏離他們的家人？」

「的確如此！」高力士心中暗暗叫苦，嘴巴上卻不得不附和李隆基的意見，「一碗水不端平，軍中想必也會有抱怨之聲。不過——」頓了頓，他笑著提醒，「王校尉是押送物資去的安西，並非主動請纓。想必楊相和宋舍人他們商議時，也有這層考慮吧！」

「嗯！」李隆基輕輕點頭。這也是一個說得過去的理由，但無論怎麼看，都掩飾不住宋昱等人以權

注七、在古代，很多有些重要上諭的稿子由臣下代擬，叫做詔敕。皇帝如果覺得符合自己的心思，就用印後交給尚書省頒發。如果覺得不滿意，就駁回。然後由臣子修改再擬。

謀私的痕跡。「朕記得，那姓王的小傢伙也是將門之後。元一，你可清楚他的族譜嗎？」

「他是開國郡侯王相如之後。其祖當年與武氏一脈走得很近。但連續三代沒有出來做官，所以到了他這輩，按照制度，就只剩下了個子爵頭銜。」心知今天無法阻擋王洵的狗屎運，高力士只好將自己掌握的情況一一向皇帝稟明，同時念念不忘潑上些污水，「其在去年秋天前往安西，是為封常清押送一批軍械。但到達之後，就留在了當地，再也沒回來覆命！」

「哦！」李隆基點頭微笑，注意力雖然成功被高力士那句「跟武氏一脈走得很近」所吸引，著眼點卻與高力士希望的方向截然相反，「算起來，他還是朕的晚輩呢！肯留在疏勒那麼艱苦的地方，也著實難得！」

「的確很是難得！」高力士一邊笑著附和，一邊在心裡暗暗納罕。皇上今天是怎麼了？好端端的先是懷疑楊國忠跟封常清內外勾結，轉眼之間，又突然跟一個無名小輩攀起了親戚來？

不過，這份血緣關係卻是如假包換。天后武曌雖然曾經害死李隆基的生母，卻對他這個孫兒頗為提攜回護。連李隆基當面頂撞河內郡王武懿宗，問天下到底姓李還是姓武的魯莽舉動，都能一笑了之。而王洵的曾祖父王相如，當年娶的正是應國公武士彠的侄女，按輩分，此女應該是武則天的堂姐，李隆基的姑祖母。

只是帝王家的親情，向來都是比水還淡。武則天在位時差點兒殺得李氏子孫斷了宗祀，李隆基父子登臺後，對誅殺武氏逆黨及其門下鷹犬也不留任何情面，甚至下令將死去的武三思、武崇訓斬棺、暴屍，平其墳墓。高力士今天刻意把王洵的身份往武氏身上引，原以為李隆基聽到後，會對此人心生惡感。誰料此刻的大唐天子，不知道是因為年老心軟，還是其他什麼緣故，居然突然又懷念起武氏的好處來！

「如果讓陛下看中了他，以後再想斬草除根，可就要麻煩了！」熟知李隆基的用人習慣，高力士心裡急得火燒火燎。事實上，他跟王洵也沒什麼大仇，甚至還曾經對這個虎頭虎腦的年輕人頗為讚賞。去年之所以與楊國忠勾結起來，欲置對方於死地。也是為了保存皇家顏面，不得不做出的一點兒犧牲。反正對於他這種一言可定人生死的權臣而言，王洵這種校尉級別的小軍官，就跟普通螻蟻無異。想碾死幾個就碾死幾個，無需什麼理由，過後也沒什麼心理負擔。

然而既然已經下了手，就沒有半途將刀子收回來的道理。否則一日讓小人物得了勢，上位者保不準會被其反咬一口。正搜腸刮肚地想著如何善後的當口，高力士突然又聽見李隆基笑著說道：「朕記起來了！他的父親是王子稚，當年花重金給妾買誥命的那個！為此，還有不少人在朕面前彈劾過他！」

「末將也記起來了！」高力士笑得兩隻眼睛都瞇縫到了一起，「那王子稚當年做的那件事，也的確夠特立獨行的了。也難怪讀書人看他不順眼。若不是當時陛下出言回護與他，估計他沒那麼容易平安脫身！」

「是啊！」提起那些陳年舊事，李隆基也是不勝感慨。「當年李林甫的確給朕出了一個餿主意！好在沒造成什麼惡劣影響。再加上王子稚從中那麼一攪和，反而把書呆子們的注意力都給吸引了過去。」

「恐怕他也是無心之舉！」高力士越聽越著急，真想出門去看看，今天外邊颳的是哪門子邪風。

「雖然無心，可也給朕幫了不小的忙！否則，光賣官鬻爵這一條，就夠朕被罵上好些年的！」李隆基越是回憶，越覺得詔敕中那個王字看起來順眼，「子稚是個有情有義的人啊！為了自己心愛的女子，甘受天下人唾罵。這種氣魄，就是朕，也佩服得很！」

說著話，他輕輕提起朱筆，點在王洵名字前面那個正五品的正字上。剛想將其與前面幾人一道改成從四品武職，又覺得這樣改，好像顯得自己跟臣子們刻意較真兒。乾脆將「正」字放過，直接將後面的「五」改成了「四」。然後在「郎將」兩字之前，又信手添了個「中」字！

「陛下！」高力士看得心裡一哆嗦，差點直接驚呼出聲。四品以上官員，不分文武，都會有專門的

履歷存在吏部。並且生老病死都會被如實記錄下來。傻小子王洵今天走狗屎運，被皇上一躍向上提拔為正四品中郎將，今後再想將其悄無聲息地從世上抹去，可就非常困難了。況且他還是皇帝陛下親自下令提拔的，身份比其他被節度使們大批舉薦的武將們無意間又高了不止一重。

換句話說，有了李隆基親筆這麼一改，傻小子王洵就等於直接成了皇家的心腹。雖然今晚過後，李隆基未必能再想得起自己某天突然心血來潮，破格施恩給了一個能力和背景都很平常的年輕人。然而底下三省六部的官吏們，可是誰也沒有膽子這麼猜。被李隆基親筆批改過詔敕轉回尚書省後，官員們必然會將王洵這個名字刻意記在心裡。日後朝廷有什麼容易立功受賞的美差，都會優先落在此人的頭上。而只要他在安西那邊稍稍建立些尺寸之功，兵部和吏部自然有一大堆馬屁精，將功勞誇大十倍，迫不及待地彙報到大唐天子的耳朵中。

「怎麼？元之莫非覺得朕此舉有失妥當！」雖然高力士已經及時壓低了自己的嗓門，大唐天子李隆基還是敏銳地聽出了聲音裡的異樣，回過頭，笑著詢問。

「陛下施恩與他，是他的福分。末將豈敢橫加阻攔？」高力士訕訕笑了笑，低聲回稟，「只是末將覺得，此子剛到安西，就已經被封常清提了一級。而陛下又額外將其提拔為正四品中郎將，對他這樣一個還不到二十歲的年輕人來說，沒經過必要的歷練就要領軍獨當一面，恐怕未必是件好事！」

「也對！」李隆基對高力士一向寵信，根本不會懷疑他的諫言背後還包含著別的什麼東西。不過讓他坦然承認自己是由於王洵的父親對妻妾有情有義，進而聯想到了自己的家事，因此愛屋及烏，也實在是強人所難。斟酌了一下，便又笑著給出了看上去一個更合理的解釋，「朕不是過分施恩與他。而是褒獎他父親當年無意間替朕解圍的功勞。只是，有些話無法講到明面兒上而已。況且封常清那邊，總兵馬加起來不過才四萬，怎會因為朕將王洵破格提拔為中郎將，就直接分兵給他！」

高力士沒有膽子跟李隆基爭辯，拱了拱手，笑著表示歉意：「陛下說得對。是末將多慮了！封老

四那傢伙做事向來謹慎得很，想必不會冒冒失失地將重任交給一個沒有任何領兵經驗的後生晚輩！」

到了這種地步，王洵的加官進爵，已經無人能阻止得了。好在安西那邊，高力士還有別的親信。只要處置得當，照舊可以令王洵死無葬身之地。只是操作起來略微麻煩些，並且有可能令其身後極盡哀榮罷了。

「你也是盡自己之責！」李隆基大度地擺擺手，示意對方不要過分自謙，「對了，最近太子那邊如何？馬上入夏了，窗紗、蚊帳之類，你可給那邊調撥了過去？」

「回陛下！」高力士有點跟不上李隆基的思路，先胡亂應付了一句，然後才按照以往習慣小心翼翼稟告道：「太子一向不大習慣出門。走的比較近的，也就是馬尚書、趙詹事那麼幾位。去年陛下叮囑太子多出去走走，打打獵，曬曬太陽，以將養身體。末將遵照陛下的旨意，還給東宮那邊調了一批飛龍禁衛過去，供殿下出巡時聽用。可太子殿下好像也沒什麼改變，還是天天悶在家裡，除了下棋、就是彈琴。再不就是……」

「嗯！」知道自己的心腹會錯了意，李隆基不耐煩地打斷，「他就是這麼個恬淡性子，想必一時半會兒也改不了。去年和今年內庫都頗有盈餘，日常用度方面，你給東宮那邊再多撥些吧！還有，東宮六率的人數也太少了。你從飛龍禁衛中挑表現出色的，再撥三百人，交給太子，讓他以此為骨頭架子，把六率先補充完整！」

「這——！」高力士越聽越糊塗，真想伸過手去，摸摸皇帝陛下今天是否發燒。在他記憶中，以往的李隆基對太子可沒這麼寬厚。甭說主動替後者充實東宮六率了，就連以前身兼河西、隴右、朔方、河東四鎮節度使王忠嗣，都因為跟太子的關係過於密切，被李隆基無緣無故地奪了職，最後在貶謫的位置上抑鬱而死。

這也不能怪李隆基薄情。自從太宗開始，大唐父子相殘就是慣例。先有玄武門之變，然後有齊王叛亂和太子李承乾謀反。包括李隆基本人，登基之前在太平公主的挑撥下，與其父李旦之間差點兒勢同水火。所以無論是李林甫、楊國忠等中樞重臣，還是肩負皇宮守衛之責的驃騎大將軍高力士，平時在李隆基的默許之下，都本能地把太子當做敵人來防備。非但將東宮六率削減到名存實亡的地步，連撥給太子李亨的日常用度，也是能省就省。以免後者手中有了餘錢，就暗中勾結朝臣，圖謀不軌。

今天李隆基看到楊國忠大力提拔年輕人的當下，心有所感。所以先是懊惱自己終歸有一天會老去，進而又突然起了舐犢之念。試想連楊國忠這種剛剛登上宰相之位的傢伙，都懂得為國家培養後繼人才，以免老的一代將領亡故後，邊鎮上出現青黃不接的局面。李隆基自己作為大唐天子，又怎能見識比臣下還短呢？

因為上述諸多緣故，李隆基今天追問東宮那邊的近況，實打實的是出於一個父親對兒子的關心，而不是防微杜漸。誰料高力士卻以老習慣揣度聖意，一時半會兒根本轉不過彎兒來。看到自己最為倚重的太監滿臉困惑，李隆基心中負疚之意更濃，嘆了口氣，繼續補充道：「從今往後，東宮那邊無論需要什麼，你都照常撥付吧！不必再跟我請示了。亨兒已經做了十五六年太子了，一直小心翼翼。你不要因為他謹慎，就慢待了他！」

一聲「亨兒」叫出，終於讓高力士徹底恍然大悟。趕緊理理混亂的思路，大聲表白道：「末將從沒慢待過太子殿下。只是如今陛下的禁衛也不足額，所以才沒急著補全東宮六率。如果將飛龍禁衛中的佼佼者全都補到六率當中，陛下這邊……」

「朕這邊等下一批就是！」李隆基擺擺手，笑著打斷高力士的話，「先用訓練好的飛龍禁衛，將太子的東宮六率補充完整，朕這邊暫且緩緩也無妨。此外，白馬堡大營那邊，你還是多花費些心思。封常清的奏摺朕也看過，這回推薦的少年才俊，大半兒都出自白馬堡。這說明，我大唐關隴子弟並沒有像外邊傳說的那樣，已經被聲色犬馬掏空了身體。他們骨子裡邊，祖宗的熱血還都在。只是如今四海昇平，沒有太多建功立業的機會讓他們嶄露頭角罷了！」

「諾！」高力士肅立抱拳，大聲回應。「陛下儘管放心，兩年之內，末將一定給陛下整訓出一支精銳之師來！」

「朕相信你！」明知高力士是故意裝出赳赳武夫的模樣來討好自己，李隆基還是滿意而笑，「你的本事，朕是知道的。朕無需你為朕拉起一支精銳之師，像去年那樣的少年才俊，再多挖掘出來幾百個就好。國忠他們說得對，封常清、哥舒翰和安祿山這批人，如今年齡都不小了。朕得替大唐的未來多做打算！」

「陛下聖明！」聞聽此言，高力士登時又佩服得五體投地。楊國忠等人不過是給提拔自家子弟，找到了一個漂亮的藉口。而在李隆基因勢利導之後，卻可以最大程度地緩解大唐如今邊鎮勢力過大，中樞兵力空虛的尷尬局面。假以時日，用白馬堡整訓出來的少年才俊，將幾大藩鎮麾下的底層軍官給換個遍。哪個節度使縱然有不臣之心，恐怕也沒有力量扯起反旗了。

「聖明倒是未必！但朕還沒有到老糊塗的地步吧！」知道高力士已經領會了自己的真實意圖，李隆基嘴角掛起一絲微笑，「朕從姑姑手中將大唐奪回來時，社稷是如何一個混亂模樣，你也曾經親眼看到過。咱們君臣苦心經營了這麼多年，到最後交給亨兒的，不能是同樣的一個爛攤子。你別偷懶，朕也不偷懶。咱們君臣還都不算老，沒理由被小輩們看了笑話去！」

說著話，他五指伸伸合合，好像又回到了年輕時代，一切盡在掌握之中。

第二天一早，李隆基親筆批閱過的詔敕就送到了尚書省。當值官員翻開一看，登時大驚失色。為自家的前程著想，他們既不敢輕易地將這份詔敕變成聖旨頒發下去，又沒勇氣找藉口將其封還。只好偷偷地潛人到丞相府報信，請楊國忠自己出面定奪。

楊國忠正在召集心腹議事。聽聞皇帝陛下這麼快就做出了回應，心裡也是暗暗納悶。待從報信人口中瞭解到詔敕上御筆朱批的內容後，略作沉吟，便笑著指點：「既然陛下已經做出決斷了。咱們當臣子的照著執行便是。沒必要大驚小怪的，這年頭連三品將軍都快爛大街了，更何況區區一個四品中郎將！」

話雖然是實話，聽在左右親信耳朵裡卻極不舒服。特別是給事中宇文德，今天趕一大早派人發給弟弟宇文至的家書中，還在不著邊際地吹噓，說自己如何如何費勁心力，才替對方爭來了連升兩級的好處。誰料想轉眼間，沒人給爭好處的就爬到了朝中有人做靠山者的腦袋瓜子頂上，這讓他今後如何在自家弟弟面前抬頭？

「可姓王的分明寸功未立，卻一下子連升三級。」中書舍人宋昱也是個見不得別人家過年的主兒，偷偷給宇文德使了個眼色，然後帶頭說道。「聖旨到達安西之後，想必會寒了一大批將士……」

「行了！」楊國忠不耐煩地擺手，打斷了宋昱的胡言亂語，「陛下決定的事情，咱們可能跟他擰著來嗎？封還了詔敕又能怎樣？說不定讓陛下一怒，再憑空給他升上三級！況且那小子明擺著是封常清的人，咱們現在不能跟幾大節度使同時交惡，也只能做個順水人情！」

「是，右相大人言之有理。宋某莽撞了！」中書舍人扁了扁嘴，悻然退了下去。

其他人心裡雖然還是擰著一團疙瘩，卻也不得不點頭承認，楊國忠所說的話句句都在點子上。大唐天子李隆基雖然越來越無心處理朝政，但只要他認定了的事情，群臣們根本沒辦法違背。當年一味地信任李林甫，動輒將彈劾李林甫者貶到嶺南捉大象的是他。過後幡然悔悟，不顧眾人勸阻，下令將李林甫掘墓鞭屍的還是他。無論誰想以令他收回成命，到頭來無不是落個灰頭土臉的下場。

「陛下額外施恩給某人，對於其他報國從軍的將士而言，的確有些不公。但日後彌補的機會多著呢，不必爭在這一時半會兒！」見宇文德等人臉上還是寫滿了沮喪，楊國忠嘆了口氣，慢吞吞地補充，

「況且眼下范陽那邊，加中郎將銜者有上千個。咱們不敢難為安祿山，又何必擺明著車馬跟封常清過不去！」

「是，右相大人英明！」宇文德無可奈何，只悻然帶頭回應。

見大夥精神頭還不是很足，楊國忠又笑了笑，大聲許諾：「好了，都打起點精神來。需要處理的事情多著呢。終歸一句話，本相從來不會讓自己人吃虧。不信，你們等著看好了！」

「右相大人英明！」有了這句保證，宋昱和宇文德等人臉上終於又露出了獻媚的笑容。拱了拱手，帶頭歌功頌德。

楊國忠笑著擺擺手，制止了大夥的馬屁。然後命人取來數錠官府專門用來壓庫的銀錠，親手賞給了尚書省那邊送來的報信人。待對方千恩萬謝的告辭之後，又命侍衛將議事廳的大門從外邊關嚴，四下看了看，正色說道：「行了，雞毛蒜皮的事情，大夥就別再想了。咱們趕緊言歸正傳。剛才我說的那件事情，大夥能不能想出個兩全之策來！」

「嗯！」眾人立刻又成了霜打過的茄子，瞬間就蔫了下去。就在昨天半夜，與楊國忠一向交好的某位太監悄悄送出宮來一個驚人的消息，皇帝陛下命高力士幫助太子重整東宮六率！

比起跟幾千里之外一個新晉的中郎將較勁兒，這個消息顯然更值得大夥重視。前幾年揣摩李隆基的心思，當政的幾個權臣都沒少給東宮使絆子。特別是掌管天下錢糧的楊國忠，簡直恨不得讓太子李亨及其家人天天喝西北風過活。如今皇帝陛下突然念起父子親情來了，讓大夥如何來得及措手？

突然間的改弦易轍，對李隆基本人來說不要緊，畢竟他跟太子李亨是親父子，雙方之間血濃於水。對於楊國忠及其爪牙來說，這無異於突然間身臨斷崖。不跟著李隆基改變對東宮的態度，肯定會失去皇上的歡心。然而萬一跟著李隆基做出了改變，太子李亨依舊難忘前仇的話。待哪天李隆基聖駕歸西，等著楊國忠及其黨羽的，肯定就是一把血淋淋的屠刀！

「怎麼，對爾等沒有好處的事情，爾等就懶得用心嗎？」見眾人個個低頭看自家的靴子尖兒，楊國忠禁不住怒形於色，「莫非爾等以為，楊某倒了台後，爾等就能活得滋潤嗎？」

「不，不是，不是！」宇文德膽子最小，受不得嚇。見楊國忠動了怒，登時著急了起來，一邊抹著額頭上的汗水，一邊結結巴巴替自己辯解，「是，是……」

「給個痛快話。到底是還是不是！」楊國忠最討厭這種黏黏糊糊的傢伙，若不是看在此人一向對自己忠心耿耿的份上，恨不得飛起一腳將其直接踢出門外。

「是，是……！」宇文德越著急，話越說不俐落，「是，是這樣的。所，所謂疏，不，不間親。皇，皇上……」

「我滾你個疏不間親！」楊國忠忍無可忍，伸出手來，一把揪住宇文德的脖領子，將其按翻在其身後的廊柱上。「這等廢話還用得到你說。我問的是應對的辦法？辦法？你到底聽明白沒有！」

「辦，辦法！」宇文德憋得直翻白眼兒。口中白沫亂冒，就是說不出一句完整的話。

好歹都是有頭有臉的文官，誰曾見過這種黑道頭子拷問手下兄弟般的陣仗？登時，宋昱等人著起急來，三步兩步圍攏到楊國忠身側，一邊施禮，一邊大聲勸諫：「右相，右相。您再用點兒力氣，宇文給事中就被您給掐死了！」

「死了活該。省得再由太子動手！」楊國忠氣哼哼地甩了下胳膊，將宋昱等人撥得東倒西歪。「你們幾個記著，一旦太子登基，你們誰都逃不了！」

「可宇文給事中剛才所言，也是實情。並且右相剛才也曾經說過，陛下向來乾綱獨斷，我等做臣子的，根本無法讓他收回成命！」宋昱踉蹌了幾步，捂著被楊國忠掃疼的肩膀，大聲喊冤。

「那就一起死吧！」楊國忠暴怒，捋胳膊，挽袖子，就要再讓宋昱嘗嘗自己的老拳。「我今天先打死你們，然後去投曲江池！」

眼看著議事廳就要變成鬥雞場，先前差點兒被楊國忠直接勒死的宇文德終於緩過了一口氣來，扯開嗓子，大聲喊道：「辦法，辦法我，我有！」

「你這個話都說不利索的廢物！」楊國忠又氣又笑，收起架勢，單手攙起宇文德，「你就不會分個輕重緩急！趕緊起來，別吊本相的胃口！」

宋昱等人聞聽，也紛紛圍攏上前，眼巴巴地等著宇文德的高見。後者先是長長地喘了幾口氣，接著吞吞吐吐的說道：「其實，其實這，這也是沒辦法的辦法。咱，咱們……」

「撿重點說。說不出來，你就直接唱！」楊國忠急得火燒火燎，顧不得丞相府議事時應有的禮節，大聲提醒。

「咱們可以先，先忍忍。然後再，慢慢找。找太子，小毛病，積累小，就成多。三個人，就成虎！百張口，可鑠金。」宇文德扯開嗓門，就像唱歌一般抑揚頓挫，果然令口齒俐落了許多，「在同時，攢實力。選良將，領強兵。可防備，安祿山。又可以，應不測！」

「你，你這簡直是玩火！」楊國忠頓了頓腳，大聲點評。前一條意見，不用宇文德提醒，他自己也知道去做。只要能令李隆基對太子心生厭惡，就可以找機會廢掉他，另立一個與自己關係好的儲君。然而後一條，在京師中私藏武力，則與謀反無異。萬一被皇帝陛下察覺，肯定是抄家滅族之禍。

「那得看右相大人做得巧妙不巧妙了！」中書舍人宋昱冷笑幾聲，撇著嘴提醒，「看看人家安祿山，手中兵馬都頂了半個大唐了。陛下依舊相信他忠心耿耿！」

「對啊！」聞聽此言，楊國忠猛然驚醒。李林甫做宰相時，有其在背後給安祿山撐腰，自己彈劾安祿山包藏禍心，皇帝陛下不肯聽，也可以理解。如今李林甫已經被掘墓鞭屍了，自己繼續彈劾安祿山有不臣之心，為什麼密摺遞到陛下面前，也屢屢石沉大海呢？

以對自己影響力的自信和對李隆基看事眼光的判斷，楊國忠不認為後者依舊相信安祿山對大唐

忠心耿耿。那麼如今就只剩下一個答案了：皇帝陛下跟自己一樣，忌諱安祿山的實力，所以不敢輕易招惹這頭不露牙的老虎。

如果自己在京師內也擁有一支強軍？人數不必太多，有五千足夠。恐怕即便太子李亨如願即位，一時半會兒也奈何自己不得吧！想到這兒，楊國忠恍然大悟，雙手抱住宇文德，笑著誇讚：「真沒想到，你這傢伙，還有這種眼光。今天是本相性子急，輕慢你了。你別往心裡去，回頭我在家裡擺酒，親自跟你賠罪！」

「不，不敢！」宇文德心情一鬆，說話立刻就利索起來，「替右相盡力，是屬下分內之事。但事不宜遲。具體策略如何實施，還請右相今天跟大夥商議出個章程來！」

「左右龍武軍都不堪用，右相可以借加強京師防備力量為由，派遣心腹將領重建一支兵馬。」中書舍人宋昱不甘居人後，猶豫了一下，大聲說道。

「架子好搭。即便將龍武軍抓過來，都費不了多大力氣。關鍵是，到哪找合格的兵將去！」心裡有了大方向，楊國忠的思路也開始清晰起來。搖了搖頭，小聲感慨。「本相的節度使牙兵，你們也都見到過。當日跟白馬堡的那批飛龍禁衛比起來，簡直就是一群廢物！」

「右相不必過於悲觀！當時白馬堡大營選兵，可是百裡挑一。並且又經過封瘸子之手嚴加整訓過的！當然拿出來個個都堪稱精銳！」在座當中，也不乏擅長兵事之人。接過楊國忠的話頭，大聲說道。

眾人循聲張望，在議事廳門口，看到了一個身穿五品郎將服色的武官。不是別人，正是當日領著一眾節度使牙兵捉拿「反賊」，卻被反賊揍了個鼻青臉腫的護衛統領杜乾運！聯想到他當日的狼狽相，再合理的話，大夥聽起來也變成笑料了。當即，有人撇著嘴調侃道：「莫非杜將軍是說，把白馬堡大營那裡邊的一眾兒郎交到你手上，你也能將其變成虎狼之師？！」

「正是！」杜乾運拱了拱手，大言不慚地回應。

「哈哈哈哈！」一眾文官搖頭大笑，根本不相信杜乾運的說辭。倒是楊國忠本人，不想眼睜睜地看著心腹護衛受窘，重重地咳嗽了幾聲，打斷了眾人的奚落，「行了，白馬堡大營，咱們就不要眼饞了！高力士那老太監，別的不論，對陛下卻是忠心得很。恨不得全京城的菜刀都收起來，免得威脅到皇家安全。本相雖然只是想組建一支看得過去的兵馬拱衛京師，卻也甭指望從他那裡得到半點兒支持！能令他不橫加阻攔，已經燒高香了！」

「那倒也是！」眾人悻悻的咂嘴。顯然對高力士的固執與愚忠都無可奈何。

「不過人總不能在一棵樹上吊死！」楊國忠笑了笑，繼續說道：「咱們這回替哥舒翰討了那麼多好處，他總得有所表示才對。封常清能派遣麾下好手幫高老太監訓練飛龍禁衛。本相若是請旨替陛下整訓左右龍武軍，難道哥舒翰就不能幫個小忙嗎？」

這話雖然說得不倫不類，聽起來倒也實在。當即，四下裡又是一片阿諛奉承之聲。楊國忠笑著搖了搖頭，命人取來紙筆，當著在座諸人的面，垂腕懸肘，親筆寫了兩封信，一封送往河西，一封送往安西。

兩封信的前半部分內容大體相同。無非是以私人身份，向安西、河西兩大節度使表示恭賀，並且信誓旦旦的保證，只要自己還能在朝堂上說話，就會做兩大節鎮的強力後盾，確保他們永遠沒有後顧之憂。

然而在信的後半部分，楊國忠許諾給兩大節鎮的待遇就大相逕庭了。送予封常清的信中，全是冠冕堂皇的漂亮話，並且很「坦誠」地告訴他，由於安西鎮過於遙遠，朝廷每次向疏勒運送糧草輜重，途中都會有極大的折損。所以從今年開始，中樞將不再撥給安西一銖一厘。而作為楊某人費盡心思為安西軍爭取來的利益，封常清也得到以下授權：第一，可以隨便處置戰場繳獲，無需上繳府庫。包括土地和草場在內，安西軍可以隨意支配，朝廷事後決不過問。第二，可以隨意處置安西鎮治下的各部族首領及地方官吏，無需提前徵詢中樞的意見，以免路遠誤事。第三，可以隨意截留安西各地應該運往朝廷的稅賦，以彌補軍需的不足。當然，至於以安西鎮目前的人口總數，封常清截留的稅賦到底夠不夠養活麾下將士，如此瑣碎的問題，就不在丞相大人的考慮範圍之內了。

在寫給哥舒翰的信中，河西軍即將得到的待遇則與安西軍差別如一個在天上，一個在地下。首先，楊國忠鄭重建議，哥舒翰將河西軍兵員總數，在目前的基礎上再增加一倍。所缺軍械輜重、糧草餉銀，由哥舒翰在地方稅賦中扣除。其次，如果截留地方稅賦之後，仍然不夠擴軍所需，中樞將另行撥付，決不虧欠。第三，中樞目前匱乏知兵之材，如果哥舒翰麾下有合適者，希望他能主動向朝廷舉薦，無需避嫌。第四，朝廷即將參照前年在白馬堡重整飛龍禁衛的模式，重整左右龍武衛，加強京師防禦力量。在這方面，丞相府有意把機會留給河西軍。希望哥舒翰在戰後回朝獻俘之時，能帶領一批精兵強將，先把新龍武軍的架子給搭建起來。

不得不說，楊國忠雖然沒讀過幾天書，文采和書法還是相當不錯的。兩種相差幾乎從地下到天上的待遇，被他隨手一解釋，非但看起來無懈可擊，並且在字裡行間透著股子親切味道。即便日後封常清知道了其中差距，也很難從中挑出什麼「理兒」來。畢竟從長安到疏勒的距離在那明擺著，況且人家哥舒翰還同時擔負起了重整龍武軍的重要責任。

中書舍人宋昱等人看罷，再度齊聲喝彩。待紙面兒上的墨蹟乾透了，楊國忠從外邊叫進幾名心腹，命他們徵用官府驛馬，以八百里加急的方式，務必搶在聖旨到達之前，將兩封信分別送到封常清和哥舒翰手中。

「諾！」兩名楊國忠從劍南帶來的親信抱拳領命，轉身大步而去。人還沒等走出議事廳大門，外邊突然又急匆匆跑進一個當值的侍衛來，三步兩步趕到楊國忠面前，躬身稟報：「啟稟左相大人，先前送信的那個書吏，又轉回來了。說有要事請左相大人指點！」

「還沒完了。他不會覺得楊某這裡的賞錢太好賺了吧！讓他在外邊等著，把所有需要彙報的事情

都想清楚了，然後再進來！」楊國忠皺了皺眉頭，信口奚落。轉念一想，又將當值侍衛喊住，笑著改口：「算了，就再便宜這小子一回吧。傳他進來，說楊某這裡有請！」

「左相大人口諭，有請董大人！」當值侍衛立刻走到門邊，大聲將楊國忠的吩咐喊了出來。

「左相大人口諭，有請董大人！」幾名侍衛齊聲重複，將聲音一直傳到了丞相府大門口。

尚書省派來的跑腿小吏董國安哪當得起這個「請」字？趕緊擦了把趕路趕出來的油汗，屁顛屁顛地竄了進來，一入門，立刻躬身謝罪：「屬下無能，再三打擾左相大人處理公務。請大人恕罪，恕罪！」

「算了吧！」楊國忠笑了笑，客氣地擺手，「都是為朝廷辦事，有什麼打擾不打擾的。剛才你把什麼要事忘記了，趕緊說吧！」

雖然是慢聲細語，依舊嚇得董姓書吏一縮脖子：「這個，這個，不是屬下忘記了！實在，實在是來回跑了兩趟，請，請左相大人明鑒！」

「兩趟？」楊國忠的眼睛登時瞪得滾圓，「有什麼緊急事情，需要你一趟一趟地往我這裡跑？尚書省究竟今天誰當值？難道一點兒主見都沒有嗎？」

「是，是兵部的趙，趙大人當值。」董姓書吏唯恐楊國忠怪罪，主動替自己的上司解釋，「他，他說有些事情，還是請左相大人把把關為好。以免底下人考慮不周，耽誤了國家大事！」

「原來是趙侍郎啊！也難怪！」對於董書吏口中的趙大人，楊國忠心裡印象極為深刻，知道這傢伙是個八面玲瓏的琉璃球，誰也不肯得罪。念在此人對自己態度十分恭敬的份上，他決定不追究此人的失職，笑了笑，低聲命令，「說吧，他又有什麼委決不下的事情了？」

聽出楊國忠的話語裡沒有生氣的意思，董書吏又抹了一把汗，低聲求教：「趙，趙大人想請示左相，派誰去河西與安西兩地宣旨比較合適！」

本以為是事關重大，誰料竟是一地雞毛蒜皮。楊國忠不勝其煩，忍不住開口怒罵：「這琉璃球，今

天犯什麼毛病了！誰去不都一樣嗎？」

話音落下，他立刻緊鎖雙眉。心中迅速推算出趙侍郎的用意，「不對。既然有心與河西、安西兩鎮修好，就不能隨便派兩個人過去傳旨。必須派兩個自己人，並且地位不能太低。否則，要麼達不到拉攏效果，要麼就會讓哥舒翰和封癘子還有他們兩個麾下將士以為本相刻意輕慢。可這兩地方，都不是什麼好地方。河西鎮好歹離中原尚近，安西那邊，可是窮得連鳥都不往其處飛……」

一邊想著，他一邊拿眼睛往幾個心腹頭上瞄。希望有人能主動出來請纓。然而，宋昱和宇文德等人皆像累暈了一般，一個個低著頭，根本不肯與他的目光相接。

也難怪大夥不肯主動替他分憂。河西那邊還容易些，快馬加鞭的話，連去帶回一個半月也夠了。而疏勒那邊距離長安卻足足有三千餘里。其中近半道路都荒無人煙。到那邊去宣旨，半路上被狼群圍上，連個囫圇屍體都找不回來。即便能平安到達疏勒，以封癘子那種耿直脾氣，宣旨人也沒有什麼油水可拿。並且來來回回至少得在路上耗費三、四個月時間，離開中樞這麼久，回來之後，自己先前的位置早成別人的了。

「嗯、哼！」楊國忠心裡有些失望，皺著眉頭發出一聲咳嗽。

這下，中書舍人宋昱不敢帶頭再裝傻了。趕緊抬起眼睛，小心翼翼地說道：「屬下與哥舒翰還有過一面之交，替大人跑一趟河西也無妨。可封常清那邊，就有些難對付了。大人也知道，封節度脾氣很古怪，稍微應對不甚，就容易跟他鬧僵。如果人選不合適的話，反而容易誤事。」

「嗯！」楊國忠繼續冷哼，對宋昱的拖沓表現很是不滿。

這一下重錘，立刻收到了奇效。後者略作沉吟，迅速低聲補充：「不過，屬下倒是知道一個妥帖的人選，不知道左相可否給他個為國出力的機會？」

「誰？」楊國忠眉頭輕輕一跳，沉聲喝問。

「此人姓薛，是一個進京述職的上縣縣令，按照慣例，朝廷該授一個刺史職位給他。可最近刺史位置沒有出缺兒，此人的資歷也著實有限。所以一來二去，此人就在京師住了下來。」中書舍人猶豫了一下，一邊在心裡發著狠，一邊笑著回應。注八

扶風縣令薛景仙當日在酒宴上三番五次掃大夥的興，宋昱一直在心裡憋著勁兒要收拾他。但此人眼下連官缺都沒補上，所以很難找到給他穿小鞋的機會。如今，讓他吃些苦頭的機會終於來了。是疏勒呢！出玉門關後還需兩千里！朝廷流放犯官，都不會流放到那麼遠的地方！讓姓薛的去，最好去了之後就被封矮子留下做地方官，管一群連官話都不會說的野人，這輩子甭想再回來！

正快意地想著，耳畔卻傳來一聲高興的詢問：「你說的可是扶風縣令薛景仙？我聽玉瑤提起過他，據說還算個人才！」

「正是！」宋昱偷偷地看了楊國忠一眼，目光裡露出難以掩飾的驚詫。他沒想到薛景仙那麼沒臉沒皮一個人，居然還能得到虢國夫人的讚賞。這下壞了，楊相對他這個妹妹向來寵信。萬一過後把薛景仙提拔到一個高位上，宋某豈不是白白給自己樹了個強敵？

真是越擔心，越來什麼。很快，宋昱就聽到的楊國忠的決定：「行，就他吧。本相相信玉瑤的眼光！先讓吏部給他加一個中大夫的散銜。然後你派人知會他一聲，讓他盡心去替本相辦差。待從西域回來，本相挪也給他挪一個上郡刺史的位置！」

注八、唐代郡縣皆分上、中、下三等。根據郡縣的等級，地方官員的等級也有差別。

【第三章】

天河

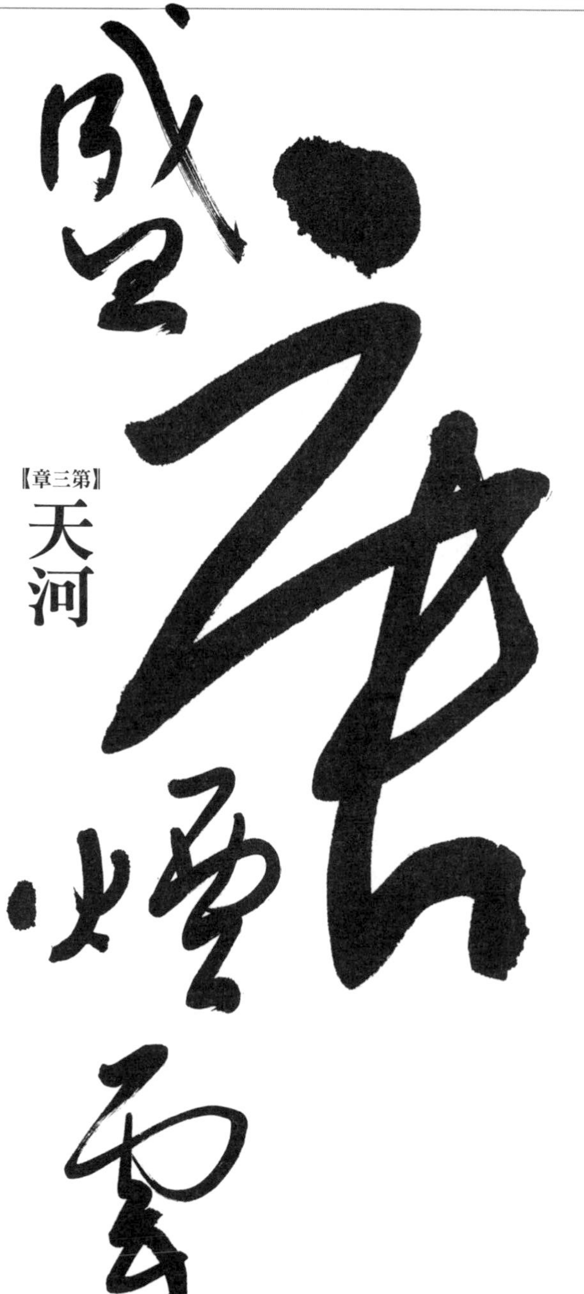

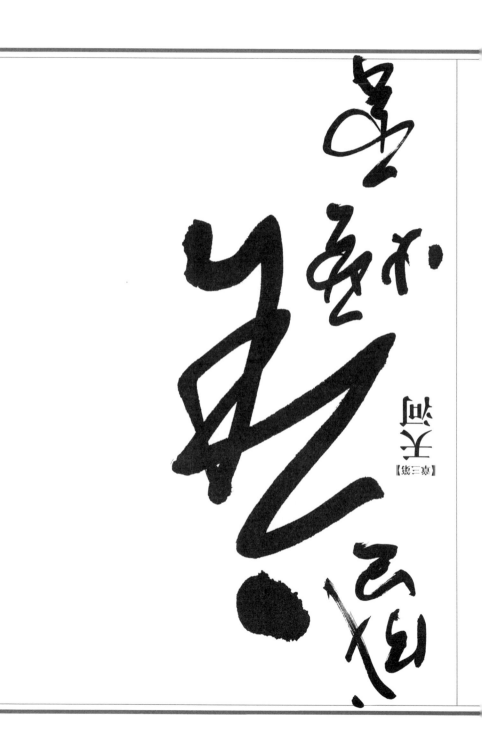

忍辱負重這麼久，最後卻只混到了一個比流放還不如的差事，前扶風縣令薛景仙聞訊後簡直是憤怒至極。然而轉念一想，自己這好歹也算搭上了楊相的馬車，日後未必沒有一展抱負的機會，心裡頭又忍不住得意起來。施施然跟驛站的掌櫃結了帳，拿出幾乎是最後的積蓄買了身像樣衣服。然後到吏部領了聖旨、文憑，點齊了朝廷派遣給的二十名護衛，興高采烈地離開了長安。

才走出不到百里，他的興頭就冷了一半以上。同樣是西去傳旨，人家中書舍人宋昱出城的時候前呼後擁，送行的親朋故舊從十里長亭陪著走到咸陽，甚至進了汾州地界，還陸續有新面孔騎著快馬追來，與宋大人一敘揮別之意。而他薛大人，光景混得可就有些慘了。從始至終都是形單影隻不說，連朝廷派來護送的親衛，都因為沒分到期望中的車馬費，對他鼻子不是鼻子，眼睛不是眼睛。

待到了地方上，薛景仙心情愈是一天不如一天。人家宋大人位高權重，所以沿途官員都傾力巴結。他薛大人雖然貴為傳旨欽差，眼下手中卻沒有任何實權。非但官員們沒心思過來招呼，沿途驛站也擺出了公事公辦的嘴臉，從菜肴、酒水到餵馬的飼料，無不撿著最低標準來。害得胯下老馬天天食不果腹，沒等出涇州，已經餓得邁不動步了。

薛景仙有心跟驛站討匹精壯坐騎，可對方不是推托說官馬已經都被徵用了，就是推托說自己沒權做主，請薛大人找地方最高長官去說話。而地方的縣令、刺史們，又因為公務繁忙，沒時間接受薛景仙的拜會。害得他空跑了許多趟，一路受氣不說，還落得門房不少白眼。

到後來，連一直罵罵咧咧的護衛火長都看不下去了。途中找了個沒人的地方，低聲提醒道：「大人莫非還沒看出來嗎？他們哪裡是沒有坐騎可給您更換？分明是想從大人這裡討些彩頭罷了。等到了下處驛站，您隨手丟一些財帛下去，不用多，總價能折合五六千個錢足夠。保證要什麼有什麼，連我等都跟著吃香喝辣！」

「董火長這是什麼話！本，本官一向清廉。哪裡有閒錢給他們盤剝！即便有，也不能助長這種歪

大翻白眼發洩情緒不外漏，是文具店店員必修的課題。擔任文具店店員的期間，曾經被客訴也曾經被讚美。當然也曾經非常受挫，但大部分時候都是樂觀積極奮力往前衝的！

當初要出這本書的時候百般猶豫，因為深知自己是毒舌派人士，很怕用詞太毒傷了公司、客人的心，或是因此有損公司的形象。我還特地詢問了老闆能不能接下寫這本書的任務。後來想想，這份工作這麼酸甜苦辣三溫暖，怎麼可以只有圈內人知道。所以，這本書還是生出來了。

——Mikey

CONTENTS

目次

PART.01

被文具圍繞的自傳

PART.02

文具店員在忙什麼？

PART.03

客人客人萬萬歲？才怪！

PART.04

文具店的門簾後

PART.05

對不起已讀你的問題

PART.06

我們都是這樣推坑你的

PART.07

文具店員的下班後

PART.08

我的同事是瘋子

PART.09

文具店員的真心話大冒險

PART.01
被文具圍繞的自傳

如果橡皮擦可以把人生擦掉重新來過，我還是一樣選擇活出一篇跟文具分不開的自傳。——Mikey

No.

01 爸爸你有罪！

家庭對一個人的影響是很大的，這件事在我身上完全驗證。除了外表是像媽媽之外，其他全部流著我阿爸的血液啊！對於我的自傳會圍繞著文具這個主題，當然也要將矛頭指向我阿爸（阿爸表示躺著也中槍）當然絕對不是打從娘胎就開始放文具經來進行胎教，或是抓周的時候只有各式文具可以抓這麼的誇張，但爸爸讓我從小到大生活中充滿文具，害我逃不過文具的魔掌啦！爸爸你有罪！

罪狀 1 爸爸的辦公桌是百寶箱

我爸爸是老師，大家應該會以為每年寒暑假的時候老師也放假，但其實還是必須要值班的。寒暑假的辦公室空空如也略顯無趣，所以就把家裡三個小孩都帶去學校辦公室玩。除了學校的躲避球、學生被沒收的漫畫、可以無限畫畫的白板之外，爸爸的辦公桌對我們來說無疑是個百寶箱。各式各樣的文具永遠挖不完，每個抽屜都不能錯過啊！

百寶箱的文具分為兩種。一種是來源不明的文具(像是地上撿的、廠商送的、學生掉的……),一種是申請來的辦公文具。申請的辦公文具不是一支、兩支的計算,而是一打、兩打這樣的算法。雖然不是很念得出牌子的筆或是很貴的筆,但是對我們來說,一盒一盒的筆讓辦公桌好像就是一間小小文具店,而且每一種筆都可以開心塗塗寫寫到滿足為止。除了紙和筆,各式五金文具也是琳瑯滿目。

每次挖完寶，總是很想問…
拔～
你什麼時候
還要值班？
哪有這種
希望林北上班的人…

老實說，當時還滿希望爸爸可以常常在寒暑假值班的。

每到寒暑假總是期待著…
YEAH! 爸爸值班！

罪狀 2

晚餐後的文具店巡禮

晚餐後一般人家頂多是坐在電視前面全家一起聊天，爸爸則是常常會帶我們去文具店巡禮。我家住在大溪，我們的文具店巡禮除了鎮上的小書店外，範圍最遠到大湳、龍潭一帶。爸爸是司機，不負責陪逛，但是負責買單（OK，這非常重要！）。

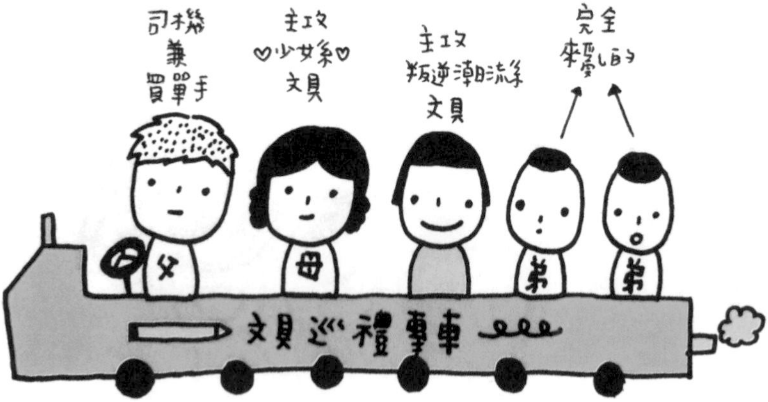

進入文具店就…
吼~
妳看這個!
清透系櫻花
粉嫩金魚水玉
透明筆盒(有香味)

我們家孩子不太會有大買特買的狀況，常常逛文具店主要像是在觀察文具市場的新品，然後不自覺發出些驚嘆聲。少女情懷媽媽是專逛哈囉凱蒂或可愛水玉路線的，我則是專攻自以為帥的一些叛逆系列。

媽，還有這個!
你看!
(完全無視對文具無感的弟弟)

在此外加控訴爸爸娶了愛文具的老婆，常常互相推坑，害我在文具世界裡面愈陷愈深啊！

可愛
文具店陷入自己世界的母女
負責吹泡泡的
雙胞胎弟弟

罪狀 3

爸爸的零元文具

日曆紙可以拿來做什麼呢？包便當、摺一摺墊桌角……這些都不是爸爸的用法。簡單來說，日曆紙就是爸爸的書寫用紙，他會裁切成各種大小，用在適合的用途上。當日曆紙背面被寫得滿滿滿時，其實那個價值已經超過外面買的筆記本了，爸爸用心的記錄——無價。

黃金傳說Music播放中
地方阿爸的
日曆紙用法
1
電話旁的小MEMO
2
板夾用紙
3
手搖杯點單

居然能用得如此淋漓盡致!
好一個文具精神啊!!
讚

在阿爸身上我了解到，所謂好的文具不是很貴或很有設計感的文具，而是你平常真的有在認真使用的文具。

有紙怎麼能不介紹我爸的筆咧，客廳筆筒裡全部都是來路不明的贈品筆居多，通常寫下去會先有濃稠的一滴墨那種，但阿爸總能把這些筆用得淋漓盡致。有捆著透明膠帶繼續寫的、有寫起來筆芯在裡面搖搖晃晃的、也有筆蓋和筆桿完全不對的，阿爸總是可以認真使用到沒有墨水為止喔！

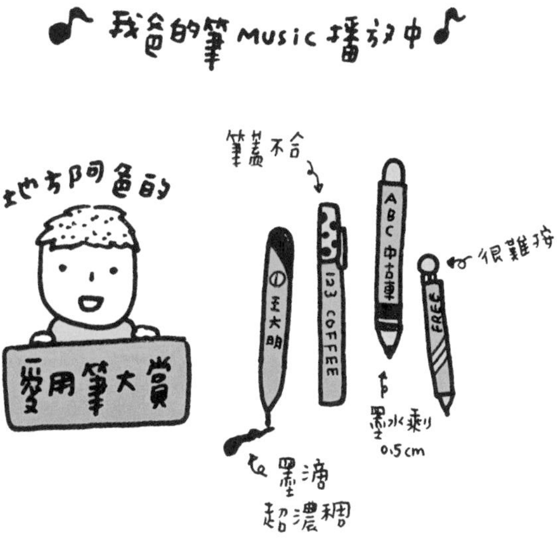

NO.
02 絕對不能OUT OF FASHION的求學階段

小學時期的鉛筆盒
HELLO KITTY

內容物也很可愛風
卡哇伊
KITTY
HELLO KITTY
MY MELODY
香香豆

FASHION 1

他的筆也好可愛喔!
同學
也偷偷觀察同學的文具

從小學開始，鉛筆盒就是每天上學的重心。雖然不一定會說出來，但其實很注意同學的鉛筆盒，私下總愛看同學所使用的文具，偷偷比較一下。我的小學時期受媽媽影響，鉛筆盒和鉛筆盒裡的文具多半都是哈囉凱蒂，如果不是，那也會是三麗鷗系列的角色。媽媽總會把鉛筆盒弄得漂漂亮亮，而且裡面還會灑一些香香豆，夢幻少女鉛筆盒沒有第二了。

印象非常清楚，小學二年級有一天升旗結束很熱很熱，回到教室準備上第一堂課。「咦！我的鉛筆盒呢 !? 」找不到鉛筆盒的我，非常慌張，真的不知如何是好，只知道什麼事都告訴老師就對了。

我的老師是年紀較高的認真型，遇到這事情沒有不處理，而且超鎮定要同學把書包都拿到桌上。我還在疑惑怎麼回事的時候，老師從一位男同學的書包拿出一個哈囉凱蒂鉛筆盒，問我是不是這個。

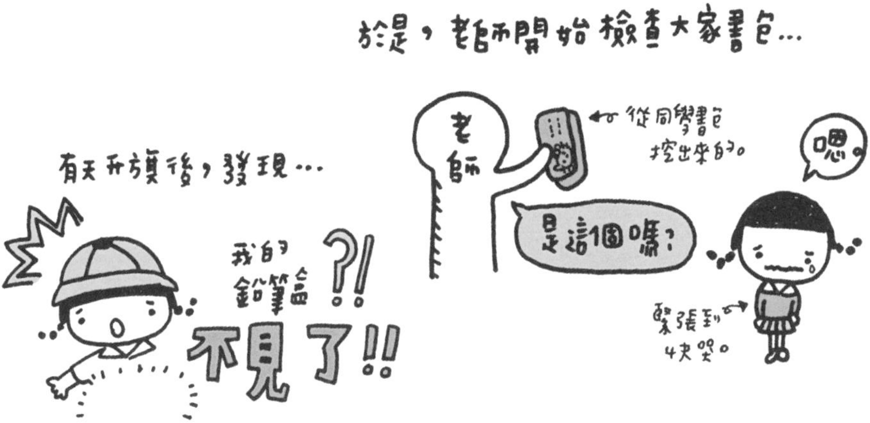
於是，老師開始檢查大家書包...
有天升旗後，發現...
我的鉛筆盒?!
不見了!!
老師
從同學書包挖出來的。
是這個嗎?
嗯。
緊張到快哭。

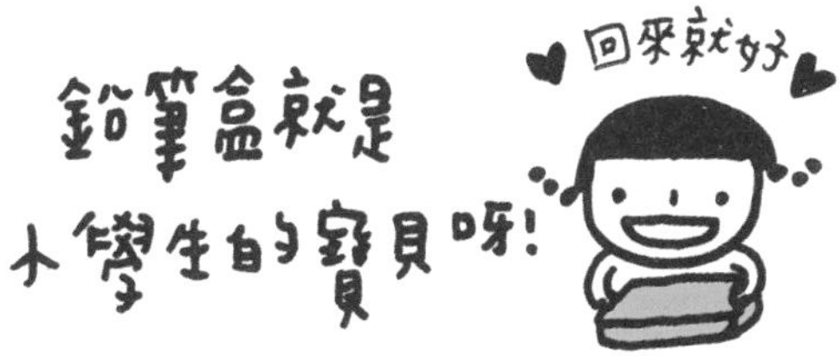
鉛筆盒就是小學生的寶貝呀!
回來就好

當下簡直嚇傻…在覺得自己離偷東西這件事很遙遠的年紀，發現原來鉛筆盒也會被偷啊……可見對小學生來說，它就是生活中很重要的東西。

叛逆時期是
凱西的信徒
來買吧!
短髮正夯!
但不敢染髮。
書包裝的課本數：2
站不站好。
CATHY

FASHION
2

小五開始到國中就是白上衣藍短褲的凱西帥氣叛逆時期，凱西的各種周邊文具都好想要買，而且書籤超多款！這一系列買完，不久又出下一系列。凱西的小卡不知道有沒有買一百張（完全沒誇張）。

凱西新品
如雪片般飛來。
鈔票倒是
飛走了。
買不完的
凱西小卡啊!

另外還很瘋包色這件事。
難以抉擇
只好包色啊…
uni
Signo

FASHION
3

除了瘋凱西之外，還有因為正值從鉛筆轉戰原子筆的年紀，所以開始迷各種原子筆，那是第一次知道了油性與水性的不同。除了追求款式，也開始追求顏色要多，高人氣大家都要追的Uni Signo0.38和貴森森的HI-TEC-C絕對不能放過包色！

FASHION 4

瘋狂的小文具迷這時候也從鉛筆盒轉為筆袋了，因為筆袋才能放得下那數量爆炸的筆和有的沒的文具。上學的書包裡大概只有兩本課本，其他都是筆記本、手帳、畢業紀念冊和文具（爸媽不願面對的真相）。

FASHION 5

高中大學時期比較了解自己了，能從廣大的文具海中知道自己所愛的文具，不再盲目跟著買某個東西。對愛用的筆很執著，然後很認真的寫筆記，也很認真的換筆記本（誤）。不過補習班樓下就是光南大批發這件事太邪惡了，補習前想逛，補完習還想逛一下，這樣的地緣關係讓我荷包大失血了啦！從小到大想脫離文具的纏身都沒辦法啊，連補個習都會中槍（倒）！

No. 03

時間比錢多的SOHO族人生

INK
研究所時期開始當SOHO族
想不到畢業主題
學分修完了
延畢申請書
算了，工作吧
腦袋空空

滿街都是大學生的年代已經過去了，因為現在滿街都是研究生啊！不小心擦到肩膀的那一個可能還是博士生咧！
當我一轉眼成為研究生時，突然間文具魂就大。爆。發了！（好吧有點牽強）其實主因是當時自己有點經濟能力了，在碩二那年，我因為想不到畢業作品要做什麼，於是就先休學延畢處理。

SOHO族人生1
賺錢很快，但還是沒有花錢快。

工作1
婚禮影片剪輯
煩躁度
★★★★★

休學期間閒閒的就誤打誤撞成為SOHO族，專門剪輯製作大家婚禮會使用到的影片，這段時間好說歹說也做了兩百多支的婚禮成長MV喔！重點是，有收入才能買更多文具呀！（握拳）

我的工作內容需要先線上跟客人確認好要做的影片，然後要約出來當面討論細節。當面討論時的文具就非常重要了，雖然可能客人根本不care，但我可是認真準備每次要帶去的文具啊。討論完，終於可以開始製作啦！（咻咻咻—影片製作過程快轉ing）讓我們快轉到客戶無止盡的要求修改之後完成案子收尾款的那一刻（挑眉）。

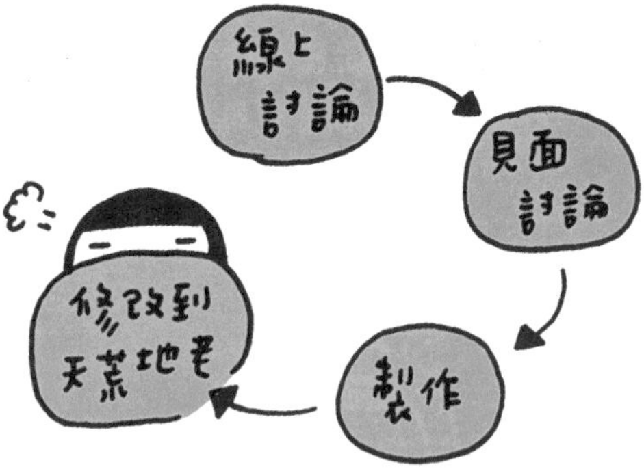
線上討論
見面討論
製作
修改到天荒地老

終於完成!!
可以收尾款了...

文具店★

抓著鈔票
前往下一站...

SOHO族人生 2

當日領現金薪資，下一站不是銀行存款櫃檯，而是文具店結帳櫃台。

除了製作影片之外，我還做過一個很另類的工作，到現在還很想回去做喔！
就是：操偶師。

穿過許多滿火紅的角色，台上跳舞或是台下握手簽名會的都有，所以可能你也跟我合照過喔！為了避免大家回去刪除照片，這邊就不透漏穿過什麼偶裝了。在偶裝裡面一直都是很開心的，雖然大家看不到我，但真的只要穿上去，就會角色上身不停的保持大笑臉啊！

幾乎這種公關活動型的，都是當日現領薪水。操偶師的時薪本來就比一般工讀高，一場活動下來，拿到薪水都會很。有。感！然後又想想自己是辛苦噴汗換來的，所以總覺得應該要用這薪資好好犒賞自己一下。OK，我知道我該怎麼做了。

SOHO族人生 3
部落格PO文頻率雖高，但還是沒有包裹到貨頻率來的高。

就算沒有踏入文具店
網路購物也超方便的。
有妳的包裹喔！
警衛
7-11 店員
覺得住戶花錢如流水
取貨太多次 已經不用問名字

由於網路下單太方便，我領文具包裹領到警衛伯伯和店員可以直接知道名字這樣，就是那種你還沒開口說要領包裹，他會先說「ㄟ，今天有你的包裹喔。」老實說好像有點糗，敗家事蹟完全外露。

取貨後迫不及待開箱
開不完啊！

每天都在收包裹、開箱、收包裹、開箱、收包裹、開箱。

於是寫了許多開箱文
BLOG
SOHO族
時間最多

為了紀錄一下這瘋狂時期，當時還開了部落格寫文章分享新奇的文具，或是自己發現什麼有趣的用法也會分享，透過部落格才知道愛文具人不孤單耶。在上面可以得到一些回應，也能得到一些新的啟發，所以我完全樂在其中。SOHO族時間多又自由，所以寫文章沒有什麼壓力，當時是本人PO文史上最高頻率的一段時間啊！現在大概是一年一篇這樣。(無誤)

買!買!買!
SOHO族時期
真是文具爆炸期啊!

No.

04 此生投過的唯一履歷

真相只有一個，「最」喜歡的工作也只能有一個，只要誠品文具館有職缺就投履歷過去，這是當時非常任性的想法。我沒有想過要投什麼備胎履歷，總覺得不是最喜歡的工作就不要去試。「沒面試上就繼續當SOHO族好啦，反正時間很自由也不錯啦！」當時悠悠哉哉休學少女的心裡是這樣想的。講得輕鬆，其實心理壓力還是滿大的。

記得某天下午看到這個職缺時，立刻卯足全力去寫履歷，然後在白牆前重新自拍一下假掰的套裝證件照（順便P個圖這樣），完成後大概檢查了錯字十幾次有，然後就趕快寄出了，深怕慢一步就會失去工作機會。

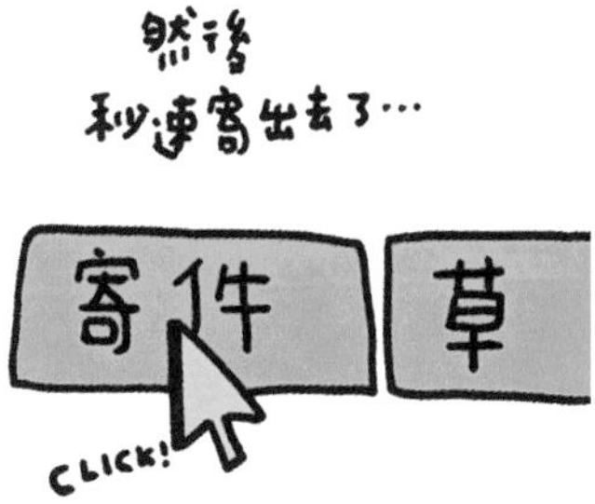

從此之後的每一天都在等待手機響起，沒事還要看一下是不是有未接來電。

很幸運地收到初試通知，當天穿了關在衣櫥許久的襯衫，還ㄙㄟ斗了一下頭髮，準備了隨身文具包和一些幸運物一起帶去面試。

第一次的面試官是誠品的行政人員，一進門就發了兩張考卷給我，我真的是很抖啊，考試這件事情離姐姐我很久了！考卷除了問喜歡什麼文具、什麼牌子這種你會想到的，還問了最喜歡的一本書，對，一本書！（黑人問號臉）

可能是因為誠品還是書店起家呀，希望有點書香氣息的店員吧，但老實說我沒有在看書…腦內一本書名都沒有…所以…我連我當初填什麼都忘了。可能就是左看看右看看，把某個書架上的書名抄上去吧！不然填個《白雪公主》或《西遊記》感覺主考官會叫我回家。

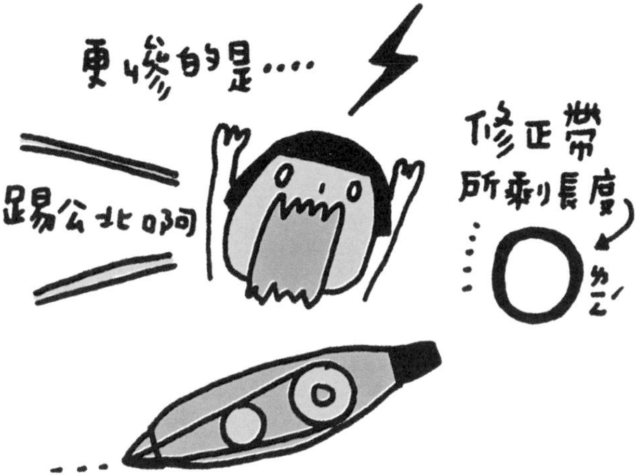

原本以為只有這題難倒我，結果下一個卡關是無法解決的問題：我的修正帶在這時候用完了！接下來的每個字只能認真思考再寫上去，不然用筆東塗西改考卷會很醜實在很不文具人。就這樣戰戰兢兢微爆汗地完成考卷之後，沒料到主考官就拿起考卷，開始照著履歷和考卷上的問答來面談。「NO !!! 拜託 !!! 不要問我關於那本書 !!! 」全程我都這樣吶喊式地在心裡祈禱著。

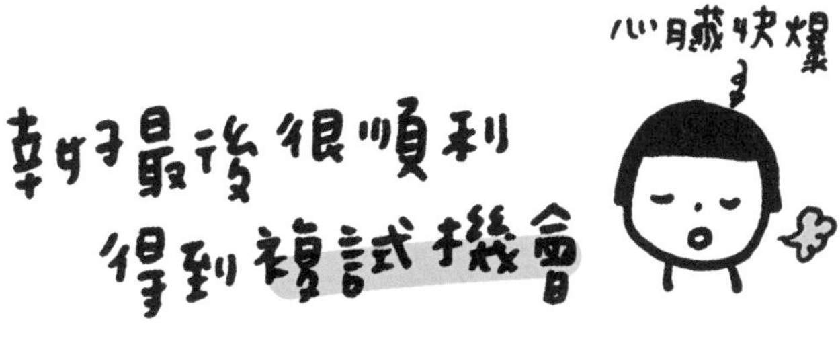

有點刺激的初試完成後，也很順利等到了複試的通知。

加油！
複試當天
自我打氣！

沒料到…
突然肚子痛!!
痛 痛 痛 痛 痛 痛 痛

複試更緊張了，因為當你知道你離目標愈來愈近的時候，得失心也會愈重。閒閒在家的我，不下百次的自己想像複試的情景，練習複試的對答，練習大方談話的表情，一直給自己加油打氣。我記得複試當天天氣好好，梳妝完成對鏡子裡的自己微笑了一下，正要帥氣地出門時，肚子突然就開始痛，腸子為什麼在這時候開始胡亂蠕動翻滾啊啊啊啊啊啊啊。沒辦法了，還是要準時去複試。

只好忍著腹痛
面試完…
(忍)
我可以勝任
這個工作
因為我….
主考官

這次是文具館的店長和副店來面試我，覺得自己終於離文具館更近了。面試全程就是故作鎮定，盡量忽略自己的腸胃道，然後像平常練習的那樣回答。

結束後我歷經了漫長的八天等待，終於收到夢寐以求錄取通知了！終於！我要踏出社會去上班了！

面試結束
經過漫長的等待…
哎，第8天了!

終於
成為
文具店店員
yeah!
錄取啦!
(跳)

我在誠品文具館這個美好的地方待了滿久的，除了「薪資」以外都收穫滿滿。學了很多，獲得許多的愛，也成長了很多。後來離職去挑戰另一種店型的文具店（總之離不開文具就是），目前從事的第二份工作因為是認識的工作夥伴，所以不需要投履歷，直接面談而已。所以這輩子投遞的第一封履歷「誠品文具館」目前仍然是唯一。

番外篇

沒有書桌可以寫字的人母手帳

同事們每個都是…
愛情
絕緣

有沒有在誠品文具館上班很難結婚生子的八卦。我可以以過來人身分告訴大家：真的很難！所有資深的文具館員工，都沒有對象，更不用說談戀愛結婚生子了。

工作輪班、常常加班、女生當男生用、薪水養自己還不夠、愛文具多於愛另一半…差不多就是這些原因吧！我在誠品的時光，先是到職不久就跟男友分手了，然後就一直空窗。

因為….
離職吧…
不行啊…
女生當男生用
工作輪班難以約會
愛文具大於愛男友
薪水養自己(和文具)就沒了
常常愛加班
箭箭中要害

離職後三年…
已是双寶媽(趕進度)

離職後換個工作，目前已完成婚姻大事，並且已經生了兩個BABY囉！（趕進度的概念）

回想懷孕時
腦袋完全是空白一片。
....
沒想法沒想法沒想
沒靈感沒靈感沒靈
怎麼
寫怎麼寫
放棄
吧放棄
空。空。
大腦內容物
“空氣”

原本每天都可以攤開手帳，把桌子弄得亂七八糟，用一兩個小時的時間寫手帳。一直到懷孕，寫手帳這件事開始起了變化。孕婦的腦好像被掏空一樣，每天都是空的，真想挖出來秤一下，應該輕了很多啊！手帳拿出來，文具拿出來，然後看著發呆許久。

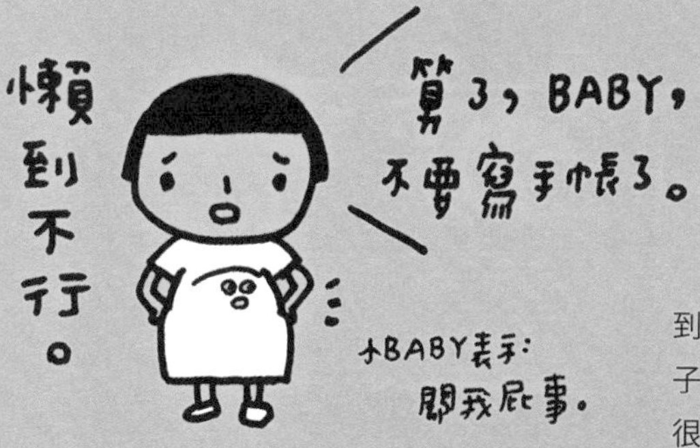
懶到不行。
算了，BABY，
不要寫手帳了。
小BABY表示：
關我屁事。

到了孕後期更加誇張，雖然肚子大到可以直接當桌子寫手帳很方便，但已經連把手帳拿出來都有點懶了。

生下寶寶之後...

隨著孩子的出生，腦也有點回來了，但想寫手帳是要看時辰的（要等孩子睡），問題是等到真的睡了，自己也累得想睡了。

等寶寶真的睡了之後
通常是這樣。

人森哪～到了孩子四個月的時候，我們幫孩子買了遊戲地墊，不大不小140公分×200公分，把我們小小套房的客廳擠滿！我唯一的桌子就是客廳桌，現在也得撤掉。

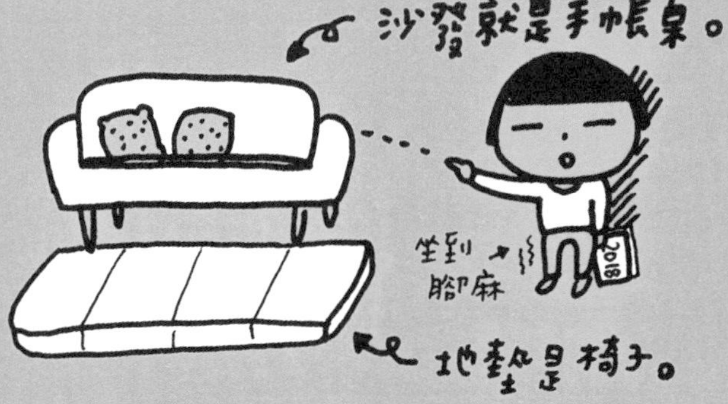

為母則強，沒有桌子的日子還是要吃飯，就端著吃。要寫手帳，就孩子睡著的半夜坐在地上把沙發當桌子這樣寫，把小檯燈暫時搬到沙發上自以為書桌。不得不說，這樣寫完腳超麻的！至於把手帳分享到部落格…嗯…那是什麼…能吃嗎…（狀態顯示已放棄）

當媽媽後的手帳

BABY
會爬了!
買餐椅
預防針
副食品
沒有BABY以外的內容

人母手帳的內容多半都會圍繞著孩子話題，畢竟生活真的已經被孩子們填滿了。趁著自己還想寫點什麼，把孩子們的喜怒哀樂記錄下來也是非常棒的事。

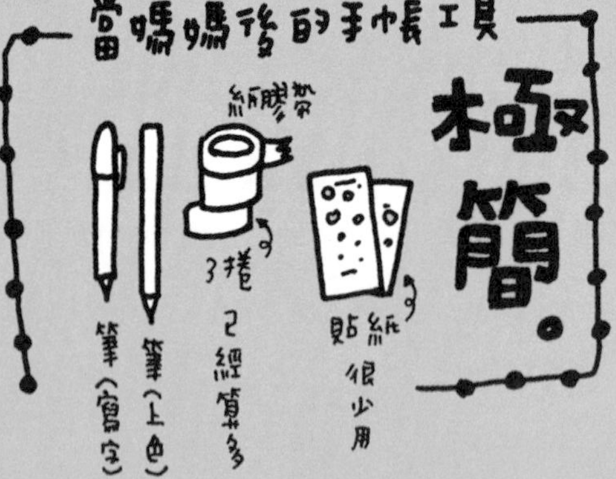
當媽媽後的手帳工具
紙膠帶
筆(寫字)
筆(上色)
3捲 已經算多
貼紙 很少用
極簡。

能繼續寫手帳已是感恩，但真的沒有辦法有太多的裝飾了，一想到要把紙膠帶和貼紙、花邊帶、色鉛筆通通搬出來用就先投降，重點是用完還要收回去，媽媽真的會哭。所以手邊會準備一小盒常用的，然後就一陣子換一下，每次寫手帳就只會用那一小盒裡的東西。

為人母後還有一個改變，就是收到文具包裹的次數幾乎是零（警衛與小7店員表示欣慰），各大網站購物車裡也不再有文具了，購物清單都是奶粉、尿布、圍兜、包屁衣、兒童食品、玩具⋯。當然也是會心動把喜歡的文具加入追蹤，但就只能追蹤，三不五時點進去看看它，流個口水然後再把視窗關閉。

不過媽媽還是可以有收到新文具的喜悅感，因為以前沒拆封的東西實在多到不行，現在就給我乖乖地把以前買的「那座山」拿來玩就夠啦！有時候感覺挖到寶物，有時候也是會很好奇「我怎麼會買這個啊⋯」期待孩子長大，把文具的美好分享給他們，推他們入坑，然後就可以很合理的再大買特買文具了嘿嘿嘿～～

PART.02

文具店員在忙什麼？

KURUTOGA自動鉛筆總是轉轉轉轉不停，忙碌的齒輪讓筆尖360度旋轉著，一切的努力都是為了寫出筆觸粗細均勻的字。文具店店員忙碌的工作其實也不為什麼，只是為了一份想要跟文具談戀愛的執著。——Mikey

文具店員在忙什麼

NO. 01

你以為有清潔人員打掃嗎？

為了讓客人一開店有乾淨舒服的空間，文具店員的一天要從打掃環境開始。清潔阿姨的負責範圍是地板，所以其他部分的清潔是我們上班的首要任務喔，邊清潔的同時要邊整理商品，確保客人一開店就能看到整整齊齊的陳列。上班打卡到開店有一小時的時間，扣掉晨會，大概有40分鐘左右可以進行清潔工作。通常嘴巴還咬著最後一口火腿蛋吐司，手上已經拿著撢子在清潔商品。我們稱那支撢子為：小黃。

每天早上小黃都是我們的工作好夥伴，所以前人給了它這個小名，就一直傳下來了。雖然一直很懷疑灰塵是哪裡來的，但確實過了一夜，每天早上商品身上都有灰塵啊！

有件事非常重要：
清潔時
請小心。
$6500
$7200
$2500
$1800
$3700
NO!
打破算你的。

小黃只是第一階段的清潔而已。食器、花器、飾品類的要用比較特殊的布去擦拭，而且一定要**非。常。小。心**地擦拭，一不注意讓易碎的商品落地，今天的薪水就掰掰了（通常可能不夠喔，明天的也再見～）大家都知道，誠品有進一些台灣很難買到的進口商品，價格都很合理，但真的不一定是小店員可以負擔的。

某天開店前，我正開心地整理園藝風格雜貨區，覺得今天整個氛圍陳列得特別好。就在這個時候，小黃的尾巴掃到一個白色花器。

有一天，我正在用小黃清潔…
呵!!!!
撞!

不管你一個MOVE腰有多麼柔軟，手有多長，就是救不到它！白色花器宣告**無。情。落。地！**

商品碎了一地。
我的心也碎了一地。

這時候，身為文具店店員絕對不會緊張得看自己有沒有受傷，或是趕快整理碎片。第一反應一定是：「X的！價錢標呢？這多少錢？」我的眼睛用最快掃瞄速度找到價錢標，要翻過正面之前還偷偷深呼吸祈禱了一下，怎麼覺得像在賭牌。

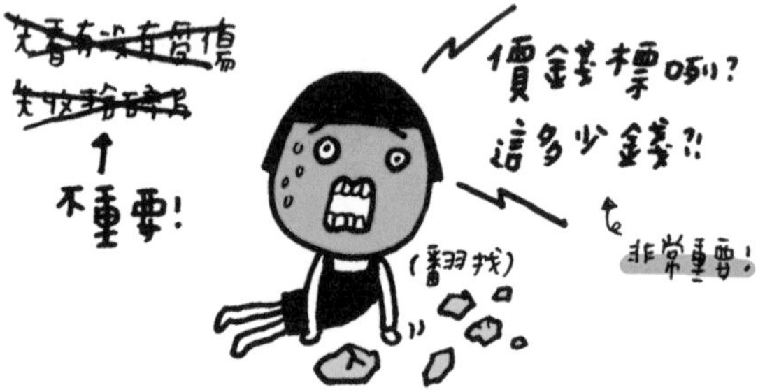

「三百多！耶耶耶耶耶LUCKY～阿母～我出運了啦！才三百多啦不是三千多啦！阿彌陀佛！」

發現自己弄破的小花器是低於千元的小CASE，文具店員我這才以雀躍輕盈小跑步之姿去拿掃把畚箕處理碎片。

商品處理完畢就是比較大規模的清潔整個櫃子，包括有些有玻璃罩就要加強使用清潔劑，如果是壓克力罩則是要用酒精處理，這些都是前人一直流傳下來的清潔步驟。我新人報到的第一天就是從清潔開始學起，講完所有清潔的時候，帶我的人說:「喔對了，還有這些植物要處理。」

植物?! 原來是為了讓園藝雜貨區的商品有點活力，我們都會種一些小植物放在賣場上，但是一直種在冷氣房又怕小植物沒有陽光和好空氣，所以每週一要拿去陽台和另一批植物交換，然後再幫他們澆花、修剪一下。這個部分也納入了清潔工作，40分鐘內要完成的事之一。

說真的，我以前一直以為文具館的員工都是處理跟文具有關的事情，沒想到一上班就是先清潔櫃子和處理小植物啊，久而久之，會覺得早晨這段能好好跟商品相處的時光非常療癒。

文具店員在忙什麼

NO.
02

跑業績表單 跑到腦炸裂

我贊成檢討昨日業績的這件事，它的確可以讓我知道昨天生意好不好、客人都買些什麼、等一下要補什麼貨……檢討業績總要有個表單數據，身為大公司，一定有個什麼報表的系統吧？有！當然有！不過，讓我吶喊一下：跑業績表單可以不要那麼逼人的困難嗎！！！

在我還是新人的時候，報到前幾天就被抓去學跑業績表單，我想說 EXCEL 應該還好吧？不就是表格而已。殊不知，這根本可以先嚇跑一半的新人，絕對不誇張！

我還記得那天帶我的同事直接操作給我看。才聽了不到 10 分鐘，一手拿著隨身筆記本一手拿著筆，我整個人還呆站在原地什麼都沒寫到，真心覺得跑完這個表單腦細胞會先掛掉一半了。

正想請他慢一點再講一次的時候，他突然繼續了。「這還不是完成的喔，這只是全店的業績。如果要看自己區內的業績，要一列一列刪掉不是自己的商品。」WHAT ?! 這年代還有使用電腦但是全靠人腦的工作。

我就站著看同事一列一列地刪，刪到天荒地老，終於看到表格尾端的時候，他說：「其實這邊還有喔！」(熟練地滑鼠往下拉)

很想發出驚嘆聲，但是同事又說話了：「喔對了，刪完要貼過來這裡，這裡表格很容易跑掉，請不要亂動表格。貼完回到第一個頁籤看看是不是正確的，如果整個月都跑得很正確沒弄亂表格，月底我們就可以在這裡直接看整個月的業績。」OK，到這裡我想應該可以END。帶我的同事終於面帶微笑看著我：「有問題要說喔！」問題 !? 我滿滿的都是問題！從第一步到最後一步都是問題！不過最想問的一題還是「跑個業績一定要這麼複雜嗎？」

後來我真的一步一步地做，做個一個月差不多可以不用再看著小抄操作了。至於弄壞表格這件事，我真的還沒有搞破壞過（因為帶我的同事再三叮嚀啊），弄壞表格的魔手都是「他」，小聲告訴你，是我們組長（笑）弄壞表格之後，就是開始想辦法弄回原本的然後重新開始再跑一次業績。到底是哪位前人發明這種跑業績的方式，業績都還沒有檢討到，腦袋就先爆炸了好嗎？往後我在帶新人的時候，都不知道怎麼跟他們說明這個部分，覺得很複雜又很蠢。

這就是文具店店員每天早上的TO DO LIST之一。

文具店員在忙什麼

NO. 03

到貨87箱喔！不能再多，還會再多！

所謂到貨，就是廠商把貨送到了店裡，然後庫存同事點完商品數量、貼好條碼的這個過程。點完貨，庫存同事就會把貨交給我們處理。到貨通常是讓人很開心的，因為通常會來一些架上已經賣光光的東西。另外新品的到貨也很令人期待，每次在處理新品時，大家總是喜歡圍著湊熱鬧，默默討論起來，然後再默默拿去結帳（喂，不是吧！）搶先客人可以先摸到新品，也是文具店店員的福利之一啊！

到貨通常發生在早上開店時。一般文具店店員的開店日常：整理完環境、跑完業績報表、看完留言本、開完晨會，目前為止感覺挺順利的，等等開門後，應該就是迎接平靜又美好的一天了吧！某天，正覺得沒消息就是好消息的時候，內線電話響起，那頭傳來的是庫存同事的聲音。

「HELLO，後面有到貨喔！」接下來是關鍵，庫存同事會告訴我們是什麼東西到貨、到多少？這關係著今天是天堂還是地獄。「K-ai，87個物流箱喔。我幫你疊好了。」

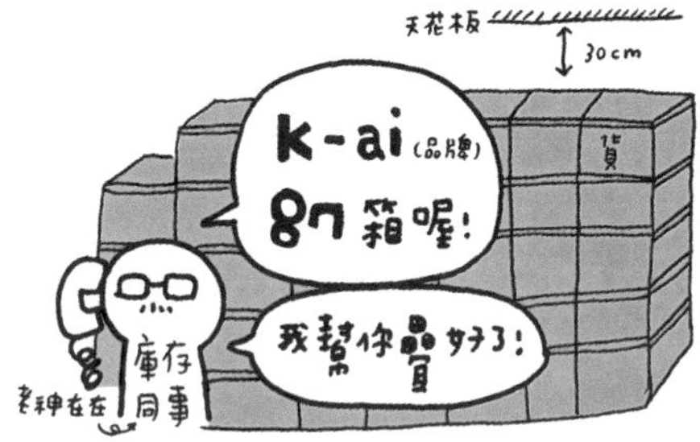

87箱!!! OK…跟你拚了…走到後面庫存區一看，差點暈倒在現場。迎面而來的是一面物流箱「牆」，庫存同事還真的疊得很好，每一落都筆直堆疊，直達天花板沒有誇張。

吸氣～～吐氣～～身為文具店店員，一定要冷靜面對這一切。先簡單跟大家介紹一下「K-ai」，它是一個陶瓷食器品牌。也就是說，物流箱裡面都是一些易碎品，而且**非。常。重。**

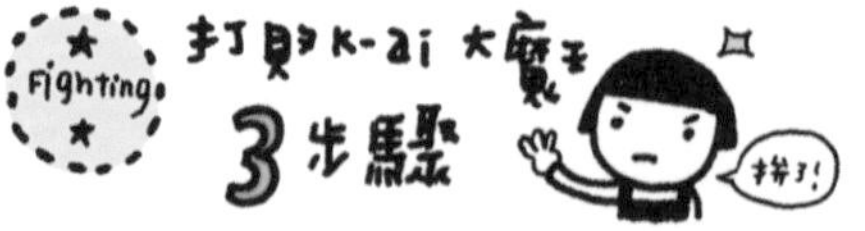

面對那面物流箱牆
有三步驟：

我必須拿出其中一個上架。光是這個步驟就會要人命，這表示必須一一打開那87個物流箱，頂到天花板的那一箱要怎麼拿下來又不打破商品就是看個人功力了。

因為有些相同的商品會分散在不同箱子裡。如果不小心重複拿了，請再次搬移物流箱放回去原本的家，謝謝！

但……這也是碗、那個也是碗要怎麼標註呢？於是到後來，崩潰的文具店店員每個人都很會畫畫，碗旁邊有什麼圖案畫下來就是了。

87箱都打開也處理完，要疊回去原本的樣子又是另外一個問題了。忙到一個段落，覺得終於可以回到賣場工作把商品擺上去了。

結果，電話再度響起……「嘿，又到25箱K-ai喔！」嗯……很好……我只能說K-ai的到貨是一場體力與記憶力的考驗。如果你覺得健身房的收費有點高，歡迎來文具館工作，免費重訓喔！

文具店員在忙什麼

NO. 04

收庫是收納的極致表現

把到貨的商品上架後，剩下的數量就是庫存，要收進所謂的庫存區，我們稱這個動作為「收庫」。理想中的庫存區畫面：應該是一個很寬敞的空間，像大賣場那樣很多平行的走道，然後鐵架方方正正，一格一格很清楚標示，要找什麼商品只要按照編號或品牌去找就可以了。身為誠品最大店的文具館應該更規畫良好吧……錯！大錯特錯！

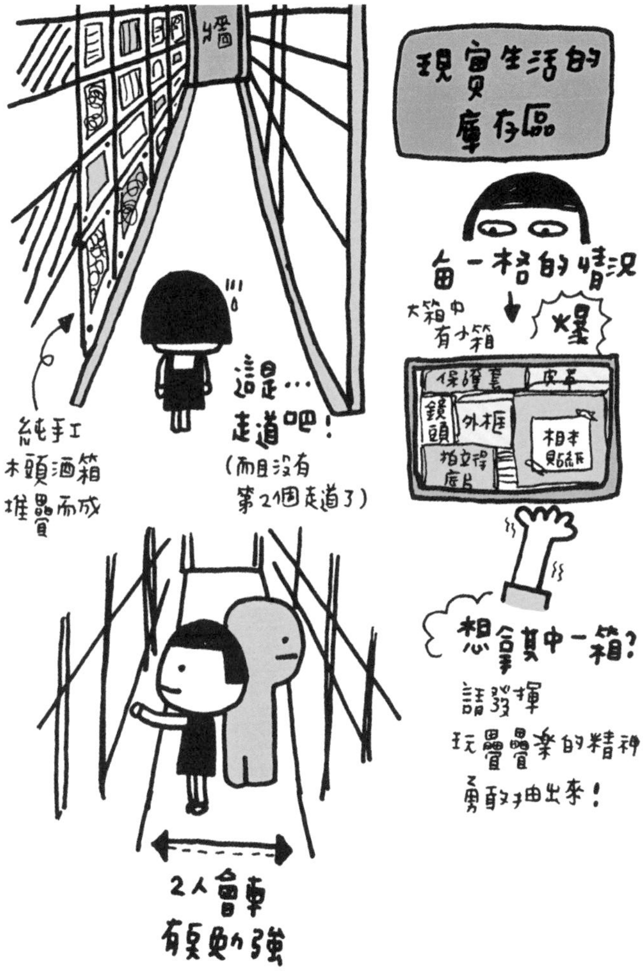

新人訓練的時候，我被帶去認識庫存區，老實說真的有驚嚇到！所謂收納的極致差不多就是這樣了吧！映入眼簾的庫存空間，是在辦公室旁邊的狹長型走道（？）對，我真的覺得那比較像走道，總之保證比你房間小，應該只有房間的一半吧！庫存空間的右邊是鐵架，左邊是純手工堆疊起來的酒箱。因為右邊的鐵架不夠收那麼多東西，所以強者前人收集了許多木製酒箱，堆疊成一面格子牆，就這樣徒手完成了左邊的收納空間。本來就已經是狹長型空間了，加上左右這樣一夾擊下去，如果走道同時有兩個人要過真的很勉強，說借過到最後也是摟摟抱抱（誤）

在文具館我了解到，空間都是自己擠出來的，沒有不可能。在你已經無法橫向增加空間的情況下，只能繼續往上發展。收庫在最高點的商品已經碰到天花板，我真的很懷疑會不會有一些商品是衝到輕鋼架裡面去。這時候不要肖想你掂腳可以拿得到它，請認命去拿梯子吧！乖～也因此我們放在最上面的商品通常是那種很冷門的商品，偶爾才需要拿一次。

當庫存放不下時
只能暫放員工電梯旁。

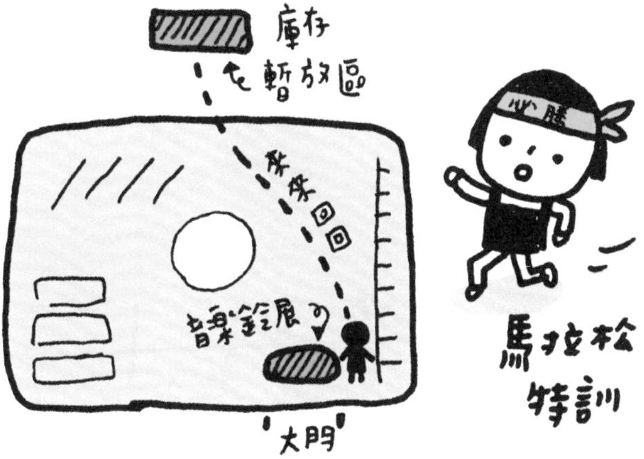

每到聖誕節期間就是文具館的大日子，來店選購禮物的客人爆增，庫存就會開始爆炸！有些東西完全收不進來，只能用箱子堆起來放在員工電梯旁，客人要拿什麼商品，我們就用跑百米的速度來回賣場與電梯旁的庫存處。雖然聖誕節很爆炸，但我在職的時候，本店辦了史上最轟轟烈烈的音樂鈴展，那才叫做原子彈級的大爆發。

音樂鈴展在大門口，商品卻在遙遠的另外一頭。一個客人說要A款音樂鈴，跑一趟，回來測試給他看，他說還是B款好了，只好再跑一趟。B款拿來時，發現齒輪故障，只好再跑一趟換新的來。B款新的測試沒問題，客人想再追加一個C款。OK……只好……差不多就是這樣的來來回回，那時候來回跑步加起來不知道都跑幾公里去了。最後，切記回到客人面前不能喘啊，請笑咪咪的說：「讓您久等了！」。

有很遠的庫存區但也有很近的庫存區，就藏在賣場各個櫃子下面的抽屜。聽起來很方便，但也是有缺點。有時候我們會在開店的時候收庫，然後客人也就開始翻起抽屜逛了起來，完全超自動啊……

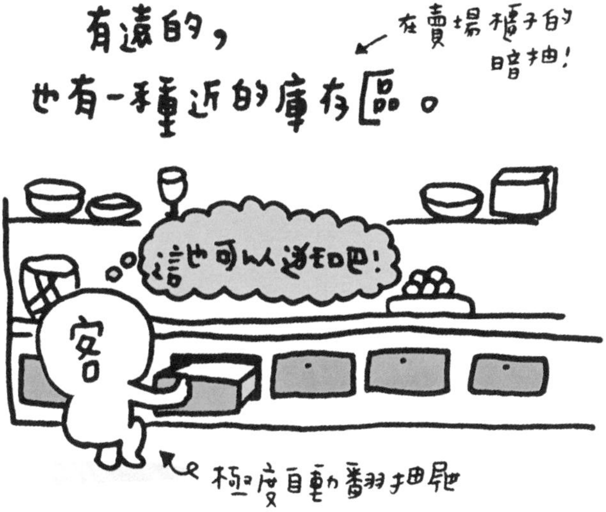
有遠的，
也有一種近的庫存區。
在賣場櫃子的暗抽！
這也可以逛的吧！
客
極度自動翻抽屜

呃…
那個…

文具店店員臉上三條線整個抹不掉……

文具店員在忙什麼

NO. 05

補貨讓腦內記憶體燃燒殆盡

有些7-11真的很療癒，店內的零食櫃和飲料櫃總是被放得又滿又整齊。這幕後肯定有一個非常努力的員工，在客人買過東西就去把貨品補上架，這個動作我們稱為「補貨」。

當我還是新人的時候，最常被分配到的工作就是補貨了。因為這個動作可以讓新人記得有什麼商品，也可以記得這些商品的庫存大概剩多少、放在哪裡，更重要的是透過補貨的動作，讓你看清自己腦內記憶體的容量是128mb還是1TB。

印象最深刻的就是補CHRONICLE筆記本了。CHRONICLE的筆記本多樣又有趣，幾乎你可以想到的各種主題都有，連18禁的也有（挑眉）。有天小菜鳥我突然收到一個指令：「嘿，那一櫃筆記本給你補喔！」我看了一下同事指的方向，範圍不大，不過就是個弧型的櫃子而已，上面整齊擺著CHRONICLE的各種筆記本。當下想說都是同一個牌子，庫存也就是放在一起嘛，太容易了。我帶著隨身便條本走近櫃子，準備來記錄要補幾本，結果馬上投降了……

假如有50款筆記本，要怎麼記得是哪幾款要補呢？總不能看一款跑進去庫存區拿一款吧，這樣可能要來回二、三十趟啊！

以下分享強大文具店員的記憶法：

圖像記憶法：簡單畫下筆記本封面的重點圖像，切記要讓自己看得懂，因為不會有第二個人懂了。

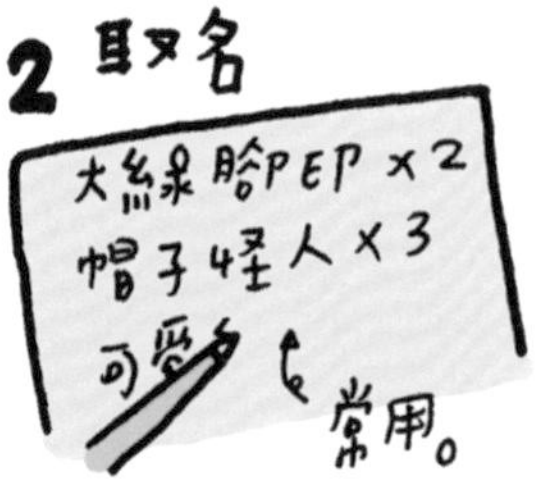

自創名稱法：用自己看得懂的方式幫筆記本取名字，通常超主觀。例如：大紅臉本、帽子怪人本、打孔衣服本、笨蛋飲料……。←小店員我最常用！

直接外帶法：把要補數量的筆記本各拿一本走，用體力還換取一切也是個方法。但你可以想像一次扛走二、三十本筆記本的重量嗎……

全憑印象法：現在，認真看著你眼前的櫃子，盯著3分鐘，好，記得了吧！（才怪）這種方法通常會失誤連連，反而走更多趟。

有時候架上某個商品會被買到一個不剩，這時候補貨就很難想起他。

所以文具店店員還是需要一點對架上商品的敏感度，一眼看過去要知道櫃子哪個部分好像缺了一塊，然後還要想起空了的那一塊區域是放什麼商品。

假如我的記憶體空間充足，把所有的東西都一次記下來了，也好不容易到了尾聲，提著一大籃要補貨的商品到賣場上，準備好好放上架。感覺即將要完成補貨這個大工程的時候，卻發現客人又掃貨了。OK，FINE，請再好好地補滿一次。

文具店員在忙什麼

NO. 06

盤點盤到要升天

簡單來說盤點就是:「小朋友，我們算算看這個商品有幾個喔！」整體概念跟幼稚園數蘋果一樣簡單。只要把店內每種商品的數量都點一次就完成盤點了，但是開店的時間客人一直在購買，無法正確點數量，所以盤點是在開店前進行。也就是五點多看到日出就該出發了！老娘得拎著蠻牛一罐，然後搭計程車去盤點，因為搭第一班捷運會遲到。

想也知道在這種沒睡飽的情況下，大家的腦袋有多混沌，更別說前一天是晚班了。

到了店裡，我們文具館都是很有良心會先發早餐給大家吃的。（我絕對不會說某些店都是讓大家餓到盤點完才發早餐，當下大家已經臉色發青雙手發抖好嗎 !?）

吃完早餐開始用盤點機刷商品條碼，把自己分配到的櫃位裡所有商品都刷一次。比較大量的商品，如：紙膠帶、明信片…就不用一個一個刷，數完總數再KEY數量就好。某次的盤點我完成自己的區域了，到進度落後的卡片區支援。卡片區的大家都在努力地數數量，我也找了一個沒人盤的櫃坐下來幫忙數。

坐下數了幾張我就知道為什麼沒有人要來這裡盤了，隔壁庫存大叔正在努力出聲數數量「26、27、28…」我一直告訴自己要把耳朵關起來不要受影響，但大叔的聲音又溫柔又有一種佛祖引領我去極樂世界的祥和感，一直讓我陷進去啊啊啊啊啊！結局就是忘記自己數到幾，兩眼空洞伴隨散一地的卡片…

天亮了嗎？...
有時候還要
支援別店盤點。
TAXI
蠻牛

如果你覺得每店一年才盤兩次啊，辛苦兩次還好吧！那我得告訴你，有種東西叫做「支援它店盤點」。

超厚重！
COMPUTER
MICROSOFT
LINUX
WINDOWS
看嘸
還被分配到很催眠的書區。

平常盤自己有興趣的文具還好，有次我被分配到書店盤點，而且是電腦軟體類的書區，書本都很厚重就算了，還是尚未翻開書就會先被封面的英文字串搞到想睡的那種。當天用盤點機一本一本刷過去，真的盤到眼皮很重，忘記帶牙籤來撐眼皮是我的失誤。一瞬間失神時手不小心鬆了一下，也忘記盤到哪一本了。建議失眠數羊的朋友都來支援盤點電腦工具書吧，我代替書店同事先謝過了。

盤點完一櫃，還要有同事來復盤，確認你點的數量是沒有錯的。通常進行完這些流程都已經接近開店時間，於是我們就會迅速的把盤點單收一收，把架上商品處理到可以開店的樣子。接下來就是把眼睛撐大，告訴自己「我沒有很累！我沒有很累！我沒有很累！」準備迎接客人。

照理說一大清早來上班，大概三點就可以下班了。BUT！有個任務叫做「找盤差」，所謂找盤差就是電腦顯示店內應該要有五個蘋果，你卻只盤點到三個，請告訴我兩個跑哪裡去。找盤差至少需要兩到三天，找不到的就只好認賠。為了不讓商品數量愈變動愈大（開店客人就開始買東西了），我們必須趕快進行找盤差這件事，自願加班到跟晚班一起下班也是常有的事。

這個時候精神耗弱到已經不知道自己身在何方了。大概像是隨著庫存大叔數數的聲音一起神遊去了吧～（飄）

「欸，盤差報告寫好了嗎？」這時，主管的聲音劃破寧靜祥和的神遊時光…

文具店員在忙什麼

NO. 07

調整陳列後的擦屁股專員

為了讓賣場耳目一新
我們會「調整陳列」
慘。
陳列專員
擦屁股專員
調整商品陳列
哇！陳列好美喔！
撤下的商品處理
清潔陳列道具
歸還道具
猜測陳列專員想怎麼處理

「我調整完陳列了，這邊給你處理一下。」這句話一出來，美好的一天差不多就毀了。調整陳列是一件很複雜的事，要把原本在這個展示櫃上的商品和陳列架通通撤掉，再把預計擺上來的商品和陳列道具擺上來，讓客人來逛的時候有耳目一新的感覺。至於那些被撤掉的東西，它們通常會被暫時堆在桌子下或是推車上，這個所謂的暫時，大概是不能超過半天，最好是馬上動手處理。重點就是「誰」來處理啊！做這些事除了要跟做調整的人確認什麼東西要放哪裡之外，還要清潔所有陳列道具，有些是借的還要拿去該單位歸還，另外就是做這些事完全不會有人看到你的成果。

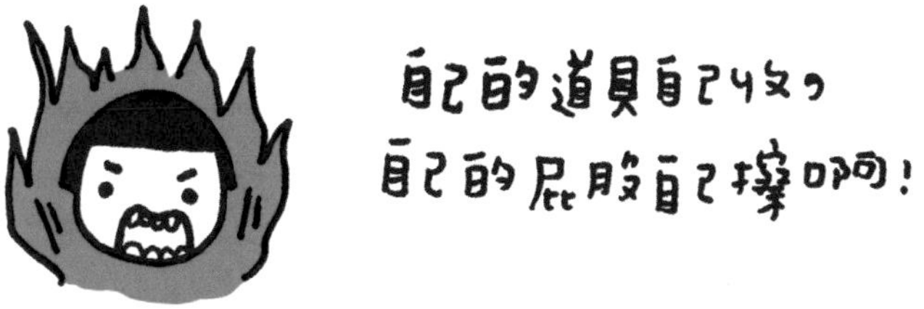
自己的道具自己收，
自己的屁股自己擦啊！

也就是，就如大家眼前所看到的煥然一新的陳列，功勞都會是調整陳列的那位同事的，絕對不會跟來擦屁股的你有任何關係。

欸，我調整完了，
這邊給你處理一下！
“這邊”
[壓克力罩]
[積木]
[木頭層板]
[各種道具]
還有數不清的商品。

我曾經有一任主管非常喜歡調整陳列，真的真的非常喜歡，而且僅止於「調整陳列」這四個字。調整陳列之後的吃力不討好又複雜的收尾工作，他總是可以找到他的手下去幫他擦屁股。

好吧，我也曾經是他的手下，畢竟績效考核的分數還是握在主管手上啊，絕對要面帶微笑的說：「好，交給我吧！」。

沒問題！
交給我吧！
(假)
考核給我高分一點拜託。

有次我剛輪完用餐回來，晚餐吃飽之後總是心情好啊。本來回到賣場的工作檯要繼續我的工作，此時主管突然叫住我。「我調整完陳列了，這邊給你處理一下。」她的手指向桌子下。謝天謝地她只有調整一桌，只不過這個桌子超過兩百公分長而已（暈）「那，撤下來的商品你再自己找地方上架。」說完主管就飄走了，我不太確定我有看到他的腳，總之她整個是靜音模式消失在賣場上。此時文具店店員得正向思考，與其尋找主管飄去哪裡，不如好好面對桌子下的一切。那些撤下來的商品，主管剛剛說自已找地方上架，於是我看了一看附近的櫃子，都沒有位置可以上商品啊！好吧，只好先處理撤下來的道具。
其中層層堆疊的積木要去除殘膠和黏土，使盡吃奶力氣搬到後面的倉庫堆好，運氣不好已經堆很高的時候，只好麻煩自己跟輕鋼架博一下感情。

壓克力材質的透明罩子要用酒精擦拭過，包好氣泡布，再收到辦公室的書架上面，這個肯定是要跟輕鋼架當好朋友的不要懷疑，有時還得跟輕鋼架說聲抱歉，悄悄地推開天花板，出界一下。

至於一些增加氛圍的道具像是花、蠟燭、樹枝、桌巾……等等，這些更是需要發揮渾身解數，把自己多年練來的縮骨功發揮到極致，鑽到道具間，然後依照分類放進去，說是說分類……其實每一箱都是爆滿，還有頂樓加蓋。天花板是所有道具的好朋友，文具店店員在此謝謝輕鋼架的寬容，常常讓我們偷偷入侵天花板以上的黑暗區域。

收完道具已經是滿身灰、滿身汗外加飢餓到不行。當我回到賣場看著桌子下那些被撤下來的商品時，突然有一種想躲到天花板黑暗夾層偷吃麵包的衝動。

文具店員在忙什麼

NO.
08

整架需要一點偵探底子

所謂整架就是把架上的商品認真地整理好。或許你會很疑惑有什麼好整理的，想說商品不就是個沒有腳沒有翅膀的東西而已啊。NO！NO！整架絕對是一個閉店後最重要的大工程，請聽我娓娓道來。

首先，沒錯，商品沒有腳，但是客人有四肢，所以商品會被客人移動到你意想不到的地方。

我們在四樓文具館賣的文具，最後是三樓書店的同事拿上來說：這是你們的吧？原來，客人帶著這項商品從四樓到三樓旅行去了呢。

還有一次，我在販售的禮物盒裡發現一組色鉛筆，如果不打開盒子，永遠不會知道裡面藏著客人放的商品啊。以上是店員與客人間玩的躲貓貓遊戲，你藏，我找，都是在商品沒有消失的狀況下。

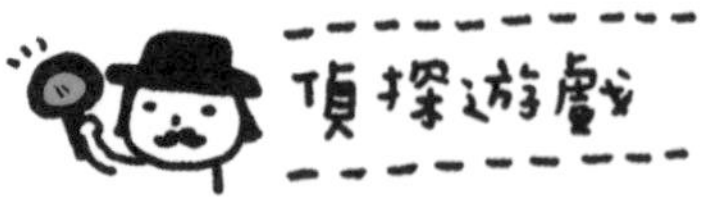

常常，整架也會發現商品失蹤了，因此我們也會有偵探遊戲：

發現商品屍體時：像是發現被割破的包裝袋、包裝盒，裡面的東西卻不見了，我們就稱為發現屍體。犯人手法相當高明，能在店員不注意下劃破包裝，除去防盜裝置，並且於犯案後會將屍體丟在櫃子最底層、架子最深處等等陰暗的地方。這時候我們會去調監視器，找出兇手並且公告影像。

商品被分屍時：地上發現一個杯蓋，卻遍尋不著杯子。筆記本的書衣還在，裡面的本子鬧失蹤。卡片不見，只剩信封。這類的事件層出不窮。犯人犯案後會自以為沒事的將剩下的屍塊放在原位，想要的部分外帶。如果經過一陣子還找不到消失的部分，就幾乎可以確定是沒救了。一樣得出動監視器來處理。

商品受重傷時：盤子碎裂、筆尖歪掉、卡片濕掉、筆記本上面沾到巧克力、卡片被畫畫……等等，我們整架時總能看到各式各樣商品被虐待的畫面。犯人犯案後逃逸。

流動的水沒有形狀，漂流的風找不到蹤跡，任何案件的推理都取決於心。唯一看透真相的是外表看似小孩，智慧卻過於常人的－文具店店員！（柯南上身）

文具店店員當久了，現在我們看到遺留在案發現場的痕跡，就能大概知道案發過程，每次都覺得文具們好可憐啊！我甚至可以從動作和眼神中，大概知道哪個客人怪怪的，所以會特別去口頭「關心」他一下。

小型文具店通常都是一個人顧店，有次雖然發現客人怪怪的，但忙完結帳一回頭，架上的整組水筆就不見了，怪怪的客人也不見了。（淚）

小小店員真心希望文具都能好好的被對待，請用正確的方法去獲得你喜歡的文具。

荒腔走板的晨會與留言本

是這樣的，為了點名、宣布重要事項和了解各區（文具館內依據商品有畫分三個區域）的新品，每天早上都有開晨會，但這晨會會不會正經地開完就是另外一回事了。

還是小員工時，我都不懂主管怎麼能讓開個晨會變成搞笑劇。等到自己成為主管時才知道，這場面還真是難以控制它變成鬧劇啊！宣布重要事項還可以好好HOLD住正經八百氣氛，開始介紹新品三不五時就會開始歪掉了……

介紹新品 全場緊繃
呃…我… 筆記本… 那個…
也跟著很緊張的同事們

依照慣例，介紹新品就要盡量給菜鳥做功課呀，殊不知有些同事真的很緊張，緊張到旁人比他更緊張了。有同事愈講臉愈紅，並且開始不知所云，我都覺得是不是下一秒需要CALL 119，還是我直接撲過去CPR比較保險。

也有人可以搞成購物台…
快!!! 撥電話!
錯過這檔 再等3年!
送禮自用 兩相宜!
最後6組

還有同事介紹新品搞得跟電視購物頻道一樣，自己想買就算了，還推坑所有同事，叫賣功力讓我覺得他在這裡當店員可惜了。（還剩六組，趕快打電話吧！）

有時會變成自拍大會
今天dress code 是格子襯衫!
吼! 臉很大耶!
那個… 今天晨會 就先這樣。
已放棄。

還有更歪的：「欸欸，明天DRESS CODE是格子襯衫喔！」然後，然後，然後，隔天晨會突然就變成自拍大會了（攤手）主管無奈，但是同事們的和樂融融一無價。

另外，為了瞭解前一天晚班要交接的事情，我們各區都有一本留言本，也是一到班必看的。你可能想說看個留言應該不會花太多時間，那就大錯特錯了。

有兩種留言真的很難懂：第一種是字太飄逸。我第一任主管的字超級輕飄飄不知道要飄到哪裡去，搞不清楚這是一橫還是一撇，字就已經在飄了，主管居然還是個螞蟻字人，雙重考驗讓人眼睛中風！當我好不容易以為看懂一個字的時候，才發現跟下一個字接不起來（眼神死）……我多麼希望主管使用語音留言就好。

字看得懂，意思仍然不懂。
勿翹國文課
HELLO。
你懂的。
7/5 明天廠商不來就收了或找給林 下面不用放
?

第二種難懂是語句太詩意。每個字都看得懂，可以完整唸出整篇留言，但是唸完之後……「這是什麼意思？我在看文言文嗎?!」真相只有一個！但想要解開這個謎團不能依賴柯南，我們只能好好去剖析該同事的說話風格，幫他刪一些贅字，再修改一下文法，必要時想像他說話的樣子，大概可以知道他想說的大方向。至於細節嘛……我想還是等當事人到班再為大家解答好了。

有時候根本不是工作上的留言。
我到底看了什麼…
7/10 YA! 張大肉 到此一遊 '18' 7/10
本頁空白
真的腳快廢！撿到的
7/13 今天痘痘超多的。

留言本除了正經的留言，有時候還會有前同事到此一遊的簽名、離職同事的道別信、準備串通為同事慶生的密函、胡亂塗鴉……等等。

晨會與留言本
已經是情感交流的一部分。
反正大家
都無法正經。
放棄。

文具館上班快樂的地方就在於同事之間的互動永遠那麼可愛，就算看不懂留言要表達的意思，還是很輕易就可以嘻嘻哈哈然後原諒他的鬼畫符了。對我而言，留言本不僅僅是工作交接，更是情感交流的一部分。

PART.03

客人客人萬萬歲？才怪！

文具店店員必備FABER-CASTELL隨意貼，平常可以用在工作上，偶爾「奧」洲客人來訪需要發洩情緒的時候就可以亂揉亂捏，洩憤於無形。——Mikey

No. 01 本店禁止摟摟抱抱談情說愛

文具店店員美好的早晨都是這樣開始的：忙完開店前的各項工作後，庫存同事沒有打電話來告知大進貨，主管早上也沒有特別交代事項。簡直太完美了！這下可以好好地到自己負責的區域更換陳列，或是增加一些商品介紹的POP。這一檔我在店內做了一個很歐美的展，Kate Spade品牌的文具雜貨，商品線之廣從鉛筆到雨傘都有。整個展區被佈置得跟一場派對一樣，搭配店內常放的輕音樂，再加碼柔美的燈光，連我自己都忍不住在心裡拍拍手。

充滿好心情的開店後，我到展區準備來改陳列，再為商品增添一些氛圍。我手上提著一籃陳列道具，帶著微笑走到展區。哇！有客人正在逛著我的展呢！一對小情侶正牽手漫步在展區中，男孩還在女孩耳邊輕聲說話。觀察客人也是我們的功課，從客人的反應可以知道我們哪裡有需要改進的地方。

此時我正在暗自竊喜，想說客人應該在討論著商品或是誇一下這個展很美，因為那女孩正微笑著呢。說時遲那時快，兩人的手已經變成了十指交扣，你的手融於我手中的概念。厲害的是這不同於一般的牽手，男孩的手是環繞過女孩的背，融在女孩的另一邊的手裡。在下文具店小小店員絕對不是去死去死團的成員，單純覺得這樣很熱又不好走路而已（酸）。實在是有點閃，轉頭想說繼續忙我的吧，但眼前的畫面讓我捨不得轉頭了……男孩的上身超彎低頭靠在女孩肩上，還轉過去女孩那一邊，現在他嘴巴無法講話了，因為嘴裡正吸著女孩的嘴邊肉（比起親吻，這樣是不是描述得更精準。）

此時…
他們開始
對視
吹泡泡

小情侶還沒逛親完，女孩這時轉向了男孩，兩人的眼神都離開了展區的商品，他們眼裡只有彼此，十秒過去，他們還在對視，深情的模樣讓我想去旁邊幫他們吹點泡泡。OK，FINE，小情侶正面的擁吻開始了……

此刻我只想以專業客服人員的角色幫他們指引最近的旅館。
然後…
忘我。
好～
我走～
我走～
不對!這是我工作區耶!

現在是你的身體融於我的身體的概念。我強烈感受到自己在那個展區的多餘……小小店員我正想提著陳列道具離開，走了兩三步才清醒「不對啊！那是我的工作區域耶！不是他們的房間吼！」於是我又轉身回去工作，不過我後悔我轉身了，這樣的環境要好好工作真的好難啊……

我到了比較小型的文具店工作後，也有出現過如此深情的情侶。店內空間本來就不大，小情侶還在走道摟摟抱抱，不要說我們無法過去補貨，連其他客人要通過都有一點困難。大家只好繞過巨型障礙物，眼睛當做什麼都沒看到地繼續逛下去。

再次澄清我不是去死去死團的成員，但是如果我有一間店，門口絕對要有告示：「本店嚴禁摟摟抱抱談情說愛」告示底下還要貼心附上最近旅館的QRcode。

No. 02 「奧」洲來的客人都有鑑賞期

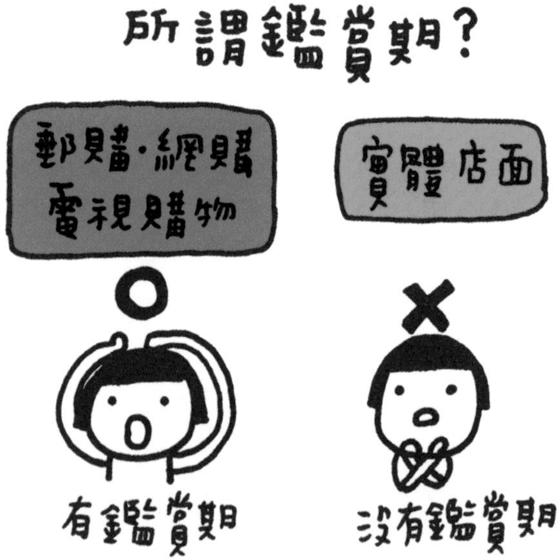

其實我們非常歡迎來自世界各國的客人，喜歡文具的大家能夠從地球各角落聚在同一個空間也算是緣分，但是遇到「奧」洲來的朋友們，總是讓我有點困擾。

消費者在非實體通路像是郵購及網路或電視購物購買商品，會享有七天鑑賞期。但是，感覺很多奧洲來的客人不是很清楚：在實體店面是沒有所謂鑑賞期的！該摸的都摸了，該試寫的也試了，該問的也有店員可以問，想拆開看也可以請店員服務。

結果，奧洲客人在購買後第七天回來了（驚），一句冷冷的：「我…要…退…貨。」這位奧洲客人音量相當小，還好我會讀唇語，如果不會讀唇語的話，應該要靠近到被他的氣吹到才聽得到吧。當下，我確認一下他有沒有腳先，然後深深吸一口氣才有勇氣繼續對話。了解了一下，他買的商品沒有問題，只是單純不想要買了。

「不好意思，我們是實體店面，沒有鑑賞期喔，因此沒有辦法進行退貨的動作，請看這邊的退換貨說明。」（指向後面看板）因為不想跟他音量差太多，我特別用輕柔的語調回答。

奧洲客放大絕三部曲

剛剛的輕聲細語只是他還沒開始做自己。奧洲客人音調直接飆到最高之外，情緒也是直接飆到101頂樓，生氣程度應該只差沒用手拍桌子了。

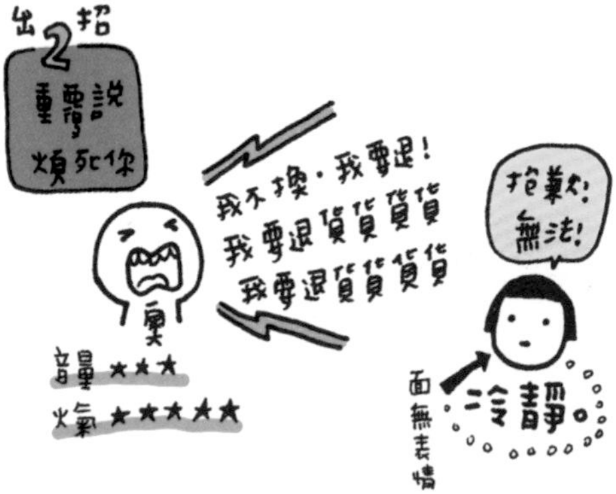

在下被那瞬間發狂的奧洲客人嚇到退三步，立馬乖乖端出換貨的方案。

「我沒有要買的！我是要退—貨貨貨貨貨貨！」

「嗯，不好意思，我們無法進行退貨的動作。」

「你現在是怎樣！**叫。你。們。主。管。出。來！**」終於，奧洲客人放大絕，吼出這句奧客必備金句。只是，他今天運氣不太好，無法繼續過關斬將。

我說完這句話，可以感受到奧洲客人無法按照劇本繼續演出的無奈，他又飆了幾句就摸摸鼻子走了。

後來在小型文具店工作的時候，老闆是那種比較佛系的人。客人要來退貨，一律就是問個原因，然後退錢給客人。雖然我不是很認同，但也只能順著老闆的方式。退貨很簡單，但是想理由相對困難——

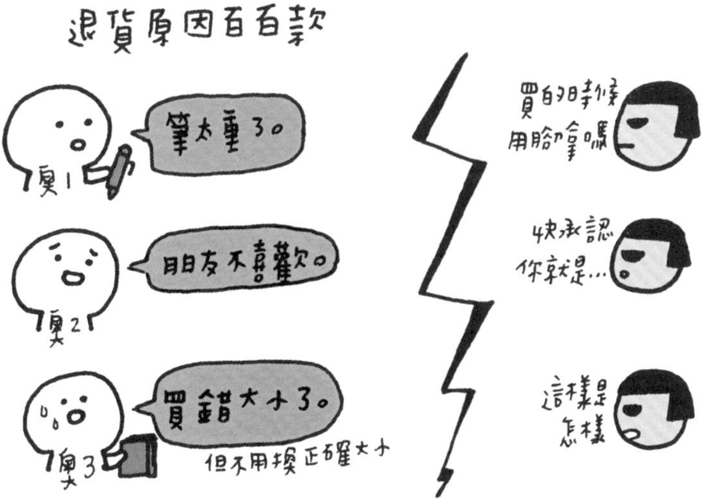

小小文具店員在此分享三個就好，因為如果我要把退貨理由一一分享完，本書編輯可能會因為本書爆頁而發瘋。

NO.

03 老娘有錢就是霸氣

文具店店員的包裝台日常
哎，又沒人啊…

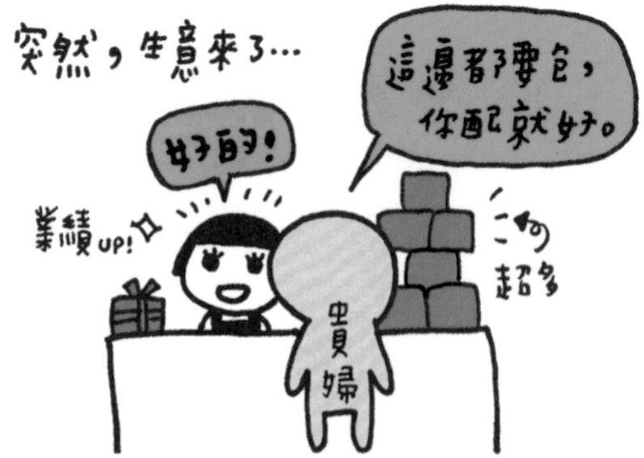
突然，生意來了…
這邊都要包，你配就好。
好的！
業績UP!
這個超多
貴婦

「小姐，這五個都要包裝，可愛一點。另外這兩個是要給長輩的，包有質感一點。緞帶花和包裝紙都給你配就好。」一位貴氣的女士劃破包裝台的寧靜。

在包裝台的時候，實在是好喜歡聽到這種話。我可以自由搭配所有包材，幫客人把禮物弄得漂漂亮亮的，通常一個禮物包好差不多五百，但是遇到這種豪邁的客人，就可以不用考慮包材的價格，挑選適合的比較重要，所以往往包完一個禮物可能就要價一千。接到這種單子，除了開心可以自由包裝外，還開心今日業績有著落了～撒花撒花～（非常現實）

10分鐘後…
好了嗎？
我趕時間
貴婦

這位貴婦在付完錢之後，沒有在包裝台前等我包裝，把包裝單給我就消失在賣場了。過了十分鐘，貴婦出現在我面前：「好了嗎？我趕時間。」我強烈感受她趕時間，連用字都是如此精簡。

那我請同事幫忙，
大概要20-30分喔！
嗯。
快點就對了
貴婦
省話一姊
散發強大氣場

「不好意思，我們包裝需要一點時間喔，特別是打花的部分。我現在請同事一起來幫忙，大概再二三十分鐘就能完成。」「嗯，快點就對了。」

壓力
好大啊！

時間的壓力是一回事，貴婦那股強大的氣勢更是可怕，少少幾個字配上眼神就讓文具店員彷彿掉入真空壓力鍋。

包裝完了等待貴婦回來…
還是很抖

比約定的時間更早完成，我把禮物整理好裝袋，並小心不要壓到美美的緞帶花。站在包裝台依然有點緊張，準備面對貴婦對我們包裝成品的評價。人還沒到，高跟鞋的聲音先到，聲音愈逼近，我心跳愈快。

謝謝您!
滿好看的。
惜字如金
貴婦

「滿好看的。」依舊是簡短到不行又趕時間的STYLE。
「謝謝。沒問題的話，這幾袋都是您的禮物喔。謝謝您！」搭配微笑和鞠躬是一定要的。

「好，你跟我提到B3停車場。」貴婦再度開口就是嚇死人的要求。
「我…不好意思…因為現在包裝台只有我一個人…我…」
「同事呢？」這位貴婦果然是省話界第一把交椅，三個字打趴文具店店員。

好。
你跟我提到
B3停車場。
貴婦
我…
驚呆!
同事呢?
三個字
打趴店員
無言
以對。

最後只好照做…

幫客人提東西這種事，根本不是我們的工作範圍。但不知道為什麼，可能是屈於她強大的氣場，也可能是屈於包裝單的高業績(沒錯，現實面非常重要。)我居然乖乖去找同事幫忙站包裝台。然後我像她身邊的女僕一樣提著大包小包跟著她搭電梯下去停車場，並把禮物都放上車。直到回到店裡才覺得全身壓力解除…

為了業績，我可以。
握拳。

No. 04 客服無所不在無所不能

印象中的
客服人員
美
全妝
微笑
從容
不迫
服務台
自己卻是…
慘
頭髮亂
爆汗
灰頭土臉

吹著冷氣，化美美的全妝，面帶微笑，站在服務台，這是我對客服人員的印象。當我去問問題的時候，客服人員總是不疾不徐，可以熟練地用電腦查詢到我要的答案。不過，自己成為文具店店員之後才發現，不是這樣啊啊啊啊啊啊啊啊～（崩潰）！以下要開始踢爆各種進行客服的MOMENT，絕對不是我想要美美的就可以美美的啊。因為客人常常忽略詢問台，直接找賣場上正在手忙腳亂的店員詢問問題。

某天，正要懸掛看板～
好高…
WINTER SALE

有一種店面的看板是懸掛在空中的，我們有時候也需要自己處理這種懸掛物。百貨點的空間特別挑高，所以我當天借了比較高的梯子，在看板頂端綁好透明的釣魚線，準備克服懼高症好好地把它掛上去。

WINTER SALE
SPOT LIGHT
直射頭皮
還沒綁好
瘋狂噴汗
(踮)
離地 200cm

約莫往上踩了三階，我開始飆汗了，倒不是空調有多弱，而是離地面有點高度就開始微緊張。鼓起勇氣繼續往上爬，差不多可以綁到的時候，賣場的聚光燈就在我頭上，再不趕快完成任務，我可能頭皮會被烤焦，或是流汗過多直接脫水。高舉雙手，終於可以開始懸掛了，我覺得自己的位置高到好像在另外一個星球。

小姐！
這個多少錢？
SALE
!!!
問我嗎？

當腋下的汗水正因為舉手而得到某種程度的解放時，遠在地球表面的人類發出了聲音：「小姐，這捲紙膠帶多少錢蛤？」什麼 !? 是問我嗎 !? 我往下一看，對，有一位地球人正在跟我對視。我當下頭頂快燒起來，手舉高超痠，腳也因為太緊張一直在發抖。

雖然硬擠出笑容應該很尷尬，但我還是擠了：「不好意思，條碼附近都會有標價錢，麻煩您確認一下。」這時候我突然發現他應該看不到我擠出的笑容，這高度只能與我的鼻孔相望吧，順帶一提，我有幾滴汗不敵地心引力往賣場滴下去了。地球人馬上回覆了：「偶眼睛不好啦吼，看不清楚才問你。」

這下子，我還沒完成任務，但也只好含著淚一階一階回到地球去解決客人的問題了，並祈禱下次完成懸掛之前能夠有隱形斗篷，讓客人看不見我。

還有一次我在陳列櫥窗（也就是跟外面的客人隔著一片玻璃）陳列得正起勁時，聽到有點急促的敲玻璃聲音，回頭一看，發現客人正在跟我比手劃腳。「您好，請問需要什麼嗎？」雖然狀態很狼狽，但我還是決定主動先詢問他，順便讓他知道隔著玻璃也聽得到一些聲音，不用用比的。然後他持續比手劃腳，這次加碼一些浮誇的嘴型。文具店店員再度投降，放下手邊工作繞到櫥窗外面了解客人到底需要什麼。

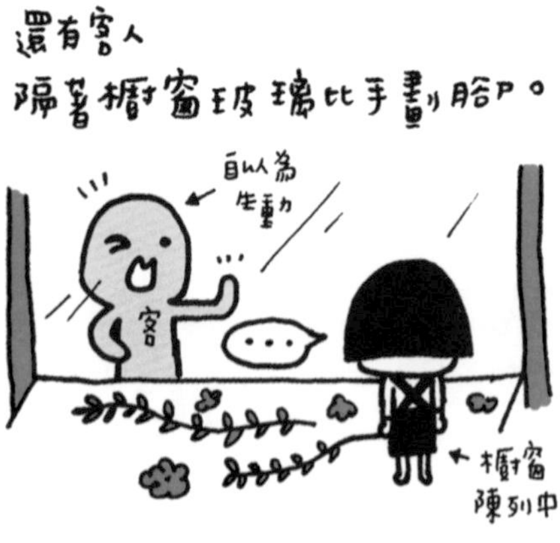

聖誕節是文具店店員的大關卡，這個節日的文具館總是爆滿人潮。我從店門口走到庫存區門口要一直喊借過，這段路上可能會被五個客人攔截，各問一個問題。

能當下回答的最好當下回答，不然腦內記憶體沒有這麼多空間。要查詢之後才能回答的，我除了要記得問題本身之外，還要記得是哪一位客人問的，查詢完要到賣場上玩真人版的尋找威利，找到客人本尊才能給他解答，但是有可能還沒找到又被另一個客人攔截問問題……然後威力突然拍我的肩：「欸，我剛剛問的東西呢，有嗎？」

別懷疑，真的是任何時刻都有可能會被客人詢問。像是搬著40本超重筆記本時、雙手拿著一堆很貴的易碎物時、正在移動大型道具時……你說說，文具店店員想要保持美美的客服姿態真的可能嗎？我現在只求不要太狼狽就好。

NO.
05
先別管這個了，你聽過試寫嗎？

沒有試寫紙、試寫筆的店…
20元
20元
35元
到處都能畫。
什麼？多少錢？

印象中，一般文具店沒有試寫筆、試寫本這件事，大家默默養成只要你拆得開的筆都可以寫，只要有紙類的地方都可以畫的壞習慣。所以我們在一些大型連鎖文具店常常看到價格標或是陳列架的POP被拿來畫得亂七八糟。

不過，現在的獨立文具店大部分都有試寫筆了，桌子上會有好幾個筆筒的筆可以試寫，也有很多筆記本可以試用，不用怕找不到地方寫。只是，客人想不想乖乖地使用而已…桌上明明就一大堆試寫本，每個筆架旁邊也有試寫的便條紙，但有些客人依舊對POP小標比較有興趣，一定要在上面試寫。文具店店員辛辛苦苦製作的商品介紹小標就這樣毀了啊～

有試寫紙、試寫筆的店…
還是有客人愛亂來
8B
粗鉛筆
good!
客人的神來一筆

這天，店內來了一位客人，感覺事前有所研究，直接講出「我要買POSCA彩繪筆！你們有吧！」身為文具店店員，能夠立刻知道商品放哪裡是很基本的：「有喔，這邊是彩色一組的，那邊有黑白的。」

不料，客人表情不悅：「我要15色一組的，你們只有8色一組的。」然後在POSCA前面摸了很久沒有進展。

「您的用途是什麼呢？可以幫您推薦其他適合的筆喔。」

「我就是要買POSCA。」表情堅定得彷彿對POSCA已研究透徹，非他不買。

「您有用過POSCA嗎？這邊試寫筆您可以先試用看看，用過再決定要不要一次買整組比較好。」

「沒有用過。但我可以一次買15色，你們只有8色。」

然後客人被我句點了，他沒戲唱也就開始認真開始試寫。

「這可以寫在所有東西上嗎？」客人提了一個有坑洞的問題給店員。

「要看你物品的材質，所有東西太廣了，我們無法保證，但是一般平滑表面都是可以的。」店員正在小心避免掉入客人挖的洞。

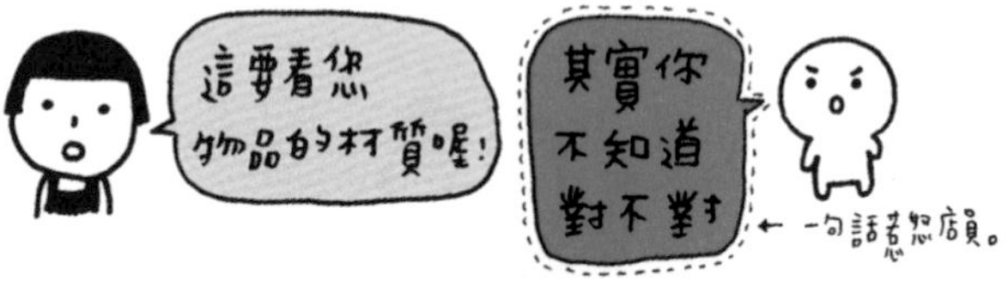

「其實你不知道對不對。」←此句引發文具店員心中熊熊大火。

店員內心OS：老娘用POSCA試寫過多少材質你知不知道！所有材質，誰敢跟你保證啊，不能寫又要回來罵我嗎！不說具體的材質我怎麼回答你！

「我知道，只是需要具體的材質才能確切回答您。」不免俗的擠出微笑。

「就牆壁啊。」烙下這句話後，又試寫了非常久，然後什麼都沒買的離開了。

試寫的本意是對客人友善，讓大家買東西前都可以先試，找到最適合自己的，不要買了才後悔。試寫之後發現不適合自己，這種見笑轉生氣的客人我還是第一次遇到啊！

還有一次，有客人買了卡片，急急忙忙要寫卡片然後送出去的感覺。過一陣子看到客人把我們的櫃子當桌子，開始寫起卡片來，玻璃櫃又要髒掉了…看起來如此欠揍的畫面，居然還有更欠揍的內幕。有一位同事正用犀利的眼神盯著他看，彷彿馬上可以從眼球射出短箭那樣的程度。

然後，客人寫完走到了筆區，此時同事步步逼近客人:「不好意思，可能要麻煩你把這枝筆買回去喔！」語調如此溫柔，眼神卻還是能殺人。原來客人拿了要販售的筆來寫啊，寫完打算放回去裝沒事。

文具店的試寫筆每天都要面臨不同的狀況，能夠身體健康繼續留在店裡就是福氣。有時候因為客人不懂鋼筆的構造而造成鋼筆受重傷，墨水爆噴、筆頭分岔都是常有的事。再不幸一點的會被客人非法直接外帶回家，無法留在店裡繼續生活了。

NO.

06 營業時間僅供參考

營業時間
10:00 ~ 19:00
營業時間是什麼能吃嗎？
門外等開門的客人們
我要趕飛機耶！
開一下啦！我很快！
我從美國特地來耶！

待過兩間文具店之後，我可以深深感受到營業時間對部分客人來說永遠僅供參考。在小文具店工作時，開店前都會有客人提早在門外給你壓力。「我要趕飛機耶，可以先讓我逛嗎？」、「我知道你們還沒開門，但是現在可以逛嗎？」、「我買一下，很快。」、「欸，我們從美國特地回來逛耶。」……

面對客人的各種理由
我的回答總是一樣。
SORRY! 我們10點才開喔！
趕飛機？關我屁事！
（還沒打掃完）
▲現場▲
▲內心▲

千百種理由都是想要達到提早逛文具店的目的，但是如果一個破例，以後就會有許許多多的提早開門。所以，抱歉，**不。可。以！**

誠品是在開始營業時才會開啟大門讓客人進來，所以不會有提早出現客人的情形，但是閉店時間要趕客人就難了。誠品從閉店前半小時就開始廣播倒數，前15分鐘、前5分鐘和閉店時間時都會再廣播一次。總共四次廣播的疲勞轟炸，照理說客人應該有將腳步慢慢移向收銀台結帳才對，怎麼會巡場一圈發現賣場還有好幾群人……（謎之音：我想下班吃宵夜～）

閉店前有趕客人的4次廣播，
提醒
打烊了！
但還是……
超多人

主動出擊！
只好親自出馬，
提醒客人該回家了。

OK，該是身為文具店店員的我們主動出擊的時候了。

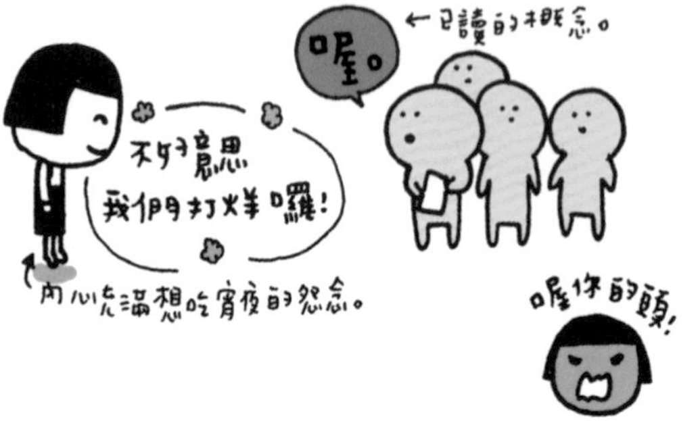

這群客人派了個代表回應：「喔。」然後繼續逛他們的，還熱烈討論手上的卡片。沒錯，無奈的文具店店員被句點了，只好來去挑戰其他人群。

你從香港來的關老娘屁事！我從板橋來的啦，等等你們離開之後，還要把你們逛過的地方整架整好，寫完交接本，然後才能搭捷運回去板橋，餓死在捷運上。收銀檯因為你們在，還不能清機，整間店的店員下班時間掌握在你們手上。連樓管都在門口盯著你OK？

等你自己來當店員或是你的兒女在當店員的時候，你再來體會一次這句有多瞎吧。從第一次廣播到現在已經過了半個多小時了，所謂的一下下究竟是多麼的天長地久海枯石爛我實在是不明白啊。我只知道現在我餓到度秒如年，你的一下下是我的一百年。

很好，這位客人直接無視了我的話就算了，還交辦給我一個查庫存的工作，工作台已經關機的電腦必須為他再度開啟。好吧，如果客人可以貢獻破萬的業績，我願意。(喂！)

今日是文具店店員史上最黑暗的一天，四戰全敗。有時候礙於怕客訴會影響考核(間接影響薪資)真的也不能對客人如何，只能微笑一再重複那句話「不好意思，我們要打烊囉。」，期待有一組客人可以認真聽進這句話，乖乖走向出口這樣。如果某天閉店時間到了，店內客人都很聽話走去結帳，請記得去買樂透。

No. 07 不只全家是我家，全世界都是我家

誠品的空間真的很大很舒適，輕柔優美的音樂也讓人能享受逛文具店的時光，有時候就是整個氣氛來了，客人把整間店當作自己家一樣放鬆。

我家客廳

某天，我一如往常在店裡巡視看看有什麼需要補貨的商品，走到一個圓盤型的玻璃櫃附近時，發現五六個人圍著圓盤櫃在聊天。本來以為客人正討論著商品，結果突然聽見卡滋卡滋的聲音，仔細一看…他們在嗑花生話家常啊！一口接一口，剝殼時還一直掉碎屑在玻璃櫃上。（來人哪！通通給我拖下去斬了！早上才用清潔劑擦得亮晶晶的玻璃櫃啊啊啊啊啊啊～）

店裡並沒有明文規定不能群聚嗑花生當自己家，所以我只能上前說：「不好意思，我們店內不能飲食喔。」

客人很快就把花生收了起來繼續聊天，留下一桌碎屑給我。搞得很像僕人誤闖主人客廳。

我家沙發

其實文具館是沒有可以坐著休息的地方的，但是整棟樓很多可以坐下喝咖啡喝飲料或看書的地方。不過，文具館的客人就是追求一個「RIGHT NOW！」現在就要坐，現在腳就是站不起來的概念。有一次我把櫃子上的東西通通撤下來，準備到倉庫拿出新品擺上去。結果，櫃子上放的不是新品，是客人的屁股。只要高度有點剛好，客人就會很直覺地認為是可以坐的地方。另外，全店唯一一張椅子－包裝人員專用的高腳椅，明明就是在櫃檯裡，也是會有客人很自然的跑過去坐下來外加一臉愜意。

我家遊戲間

有一天，店裡來了一群學生。學生逛文具再自然不過了，不過，他們沒有逛文具，而是圍一圈席地而坐，開始玩他們的大地遊戲。雖然店裡空間很大，可是八個人圍坐一圈也是滿占位置的好嗎。常常，店裡也是小朋友的遊戲空間。跑來跑去、大吼大叫、拿筆亂畫、拿商品來玩、躲貓貓…這些都很常見。文具店員對於這些行為已經習以為常，因為並沒有明文規定不行，我們也只能看著這一切發生，希望各位朋友們在遊戲間跑跳時要注意安全喔(淚)

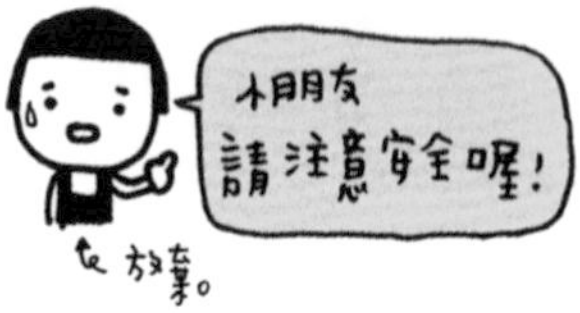

我家垃圾桶

誠品是書店起家的，通常各店都設置有一個捐書桶，讓大家可以把不要看的書捐出來做愛心。不過，這個捐書桶三不五時就會被當作垃圾桶，整理捐書的同事還要身兼垃圾分類專員也是滿辛苦的。說到垃圾桶，就不能不提傘桶。我的第二份工作，在店門口放有一個傘桶。平常不會特別去注意它的存在，常常到下雨天要放傘的時候才發現傘桶爆滿了！充滿各種垃圾，連放一把傘的空間都沒有啊！

番外篇

抱歉，我不是妳的男朋友！

我想所有的服務業都遇過可愛撒嬌型的客人吧。有一種客人會跟店員撒嬌，看看能不能獲得他心裡想的東西，折扣啊、贈品啊、或是還沒有上架的商品。有些則是非常愛用疊字，我曾經被問過「兔兔超可愛的～吼～還是要買熊熊～你覺得呢？」老實說我沒有辦法幫你決定你要買哪一個，我比較想送你去語言矯正班學正常的中文。通常客人認真撒嬌起來真的是會讓人不知所措，畢竟我不是你的男友，無法招架啊～我到最後只能選擇放客人在那尷尬。（攤手）

還有一種客人，她一個人逛，通常穿著連身的洋裝或吊帶裙，頭髮很柔順沒有綁起來，背著一個小到裝不下任何文具的包包。她在店裡逛的時候一直拍照，抱歉我說的不是拍商品，是自拍（外加美肌效果無上限）突然，她微笑看著我，假笑到眼睛很彎的那種。是的，她要開口問我問題了，她依然掛著那個笑容緩緩走了過來……

「Hi～～～這支筆還有紅色的嗎？」對，客人是用「Hi」這個字開頭，且有拉長音，貌似跟我很熟這樣，不得不說她的聲音很可愛而且充滿熱情。

「抱歉，紅色目前缺貨喔！」相形之下非常冷靜的文具店店員，雖然故意加了一個「喔」字仍然不敵客人的一聲「Hi」。

「蛤～～～」音調：高八度外加拉長音。／眼神：告白式的看著店員。／臉部：拉完長音後持續嘟嘴一直不恢復正常嘴型。／上肢動作：握筆頂著下巴，頂、頂、頂。／下肢動作：微跺腳兼扭動臀部。

眼前這畫面，彷彿跟男友撒嬌著。不給個回應，客人就持續著，我實在很怕她嘴型就這樣再也彈不回去。怎麼辦呢？我是不是應該上去給她一個愛的抱抱。還是應該幫她查詢哪一個競爭對手店面還有貨。或是應該嘟嘴回應她：「人家暫時缺貨而已唷！乖乖！啾～」

好吧，我承認啾有點太OVER。總之，我的腦內跑過好幾個回應的方法，可是每一個我都覺得與她的程度相差太遠。

反正我已經回答完了，而且重點我不是她的男朋友，所以我選擇呆站在原地看著她，讓氣氛凝結、凝結、再凝結。

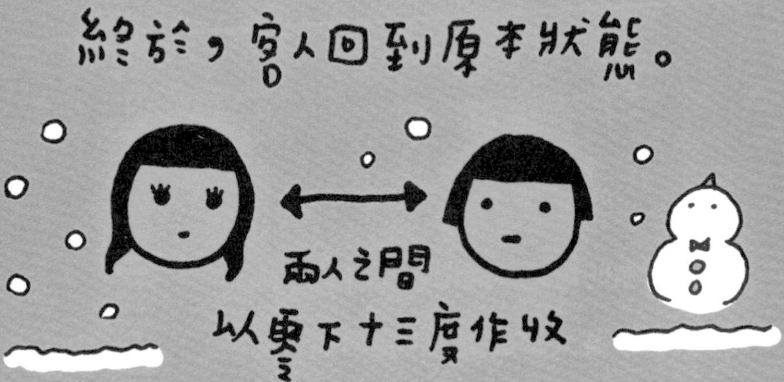

感謝老天爺，大概十秒後，她發現得不到男友式的安慰，嘴巴漸漸恢復原本的形狀、屁股不再扭動而我們的筆也不用再一直頂下巴了。希望她的心是平靜的不要客訴我，也希望這一切可以回去獻給男友就好，謝謝。至於那支頂過下巴的筆，我希望它內心不要造成永遠的創傷，能好好的被下一位愛它的人買回家。

PART.04

文具店的門簾後

鉛筆插進CARL A-5削鉛筆機，手轉個幾圈，就削好又尖又美的鉛筆了。雖然不曾打開看它是怎麼運作的，但在你看不到的部分，同樣是成就完美的關鍵。店員也是這樣為文具店而努力著。——Mikey

文具店的門簾後

NO. 01

小網咖的電腦不夠用還要自備筆電

門簾後的
文具店店員…

文具店的門簾後都在幹嘛，不要懷疑，雖然你們看不到，但我們還是在工作。

呈現網咖的狀態
忙
忙
忙
忙

大家都在忙些什麼呢?
英雄聯盟
明星三缺一

拉開門簾，你會發現一間網咖（誤），平常大概兩、三個人在用電腦，但全盛時期大概會有五、六個人表情很臭地盯著螢幕。由於公司電腦並不是很多，所以其中三個人還是自備筆電的狀態，一字排開還真的是好壯觀。電腦不夠的時候，還有人會站在你後面問你用好了沒…在我進文具店工作之前，從來沒有想過會有這種畫面。

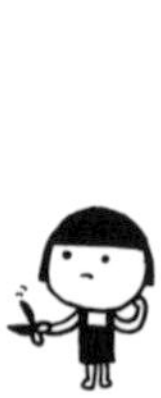

那麼，網咖這六台電腦是在忙什麼呢？

電腦 1

不要懷疑，你在賣場上看到的小標，並不是有什麼美術設計單位來幫忙製作，全部都是文具店店員包辦的。除了手寫手繪，有些時候會需要用印製的。賣場上看到的大標題，不是什麼電腦割字的卡點西德，通常是A4紙印出來再手工割字加雙面膠。（淚）

電腦 2

不知道是什麼原因，反正賣場上的商品貼好條碼之後，三不五時條碼就是會不見，或是有汙損的情況。沒有條碼就無法結帳，所以這種事情需要立即用電腦處理，把條碼印出來貼好。網咖電腦再加一。

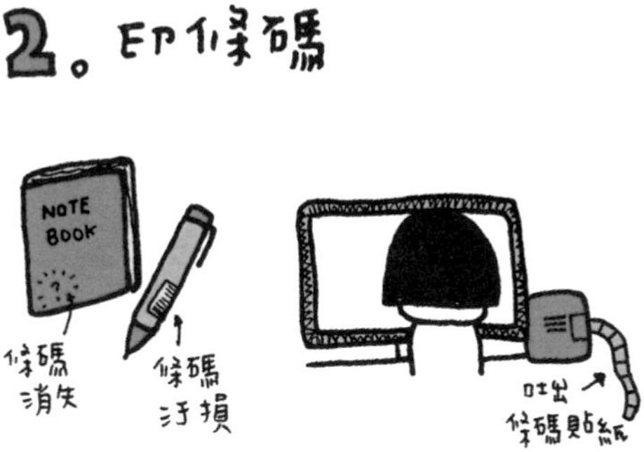

電腦
3

前面已經提過跑每日業績報表是多麼複雜的工作，可是瑞凡，那已經是最基本的一種報表了。每過一陣子要跑一次滯銷報表，看看什麼東西沒有在賣。要訂貨的時候要跑供應商報表，才知到要追加訂什麼貨。店長大人還常常跑一些我們完全看不懂的報表，至於看那些報表有多痛苦，參考一下店長大人的眉頭和白髮就能夠理解。

3. 跑報表

日銷報表
滯銷報表
供應商報表
烏雲罩頂。

電腦
4

4. 寫MAIL

未讀(52)
頭痛。

每天到公司一打開信箱，又是好幾封未讀信件。有總公司來的工聯單、有外店來的調撥處理、有同事寄來的工作交接…如果沒有好好地看信件，今天可能無法銜接工作。除了收信，我們也要寄信。所以花在MAIL上的時間往往超過想像。

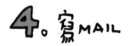

5。處理假單

電腦 5

請假聽起來多麼簡單，寫寫假單送出就可以了。不過我不知道我們的系統到底有多難懂，常常有同事在請假系統卡關。一下子時間錯被退件、一下子假別錯被退件、一下子時數不符又被退件…在辦公室網咖處理假單真的算是滿稀鬆平常的事，有些事現在不處理，下次處理就是過期了。

電腦 6

這真的是讓文具店店員哀嚎遍野的惡魔。週期性地陷入報告地獄，讓一些不擅寫報告或上台報告的人頭上充滿烏雲。至於報告有多崩潰，我願意為它開個主題！請翻看一下章節。

6。寫報告

文具店的門簾後

No. 02

天真以為大學之後就不用再寫報告

大學時期每到期中期末就有一堆報告，除了考驗大家的google功力，還考驗大家Ctrl+C Ctrl+V的熟練度，經過大學那段趕報告日子，總覺得人生中不會再有什麼更難更急的報告了。不！我現在得承認我的想法真是太天真了…進入職場後的報告才叫做報告，而且沒得google、沒得複製貼上，全部只能靠自己一字一字去完成。

大學時期的報告
完成
期中
期末
google
Ctrl
C
Ctrl
V
萬能
谷哥大神。
複製貼上
鍵盤裡最重要的鍵。

有一天，主管跟我說：「以後你就一起去開行銷會議喔！」我覺得就是聽聽八卦開個會應該還好……

殊不知主管還有下一句：「那就每個月寫一份行銷會議報告喔，要報告給各店聽。」晴天霹靂！

寫報告就算了，台下坐著總店區高層人士以及各店店長，要上台報告著實需要多啦Ａ夢給我一把勇氣百倍扇子啊！

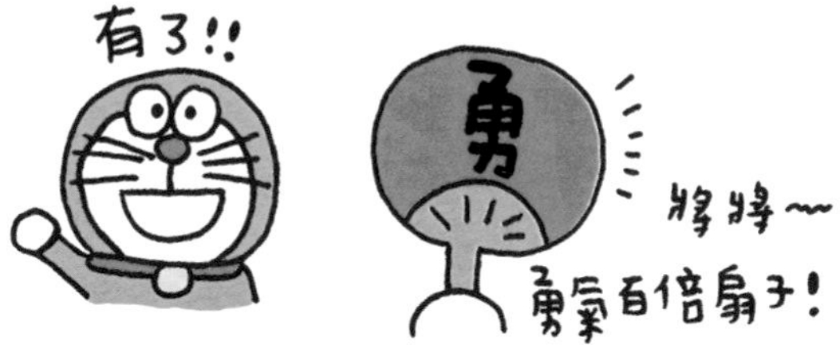

第一次報告那天終於來了，身為店內硬漢的代表，再怎麼樣我都絕對不會承認我在家裡對牆壁練習了一百遍，PPT也修改了好幾次。好險我這人的特殊功能就是上台可以在腋下雙濕、頭皮冒油的狀態下，呈現出從容不迫的臉部表情，所以主管都以為我很OK（其實手已經緊握到出汁）。多開幾次會之後，慢慢開始熟練，可以快速完成PPT，也能真的很從容上台報告喔。在這裡也建議大家不妨可以把一些壓力化為進步的動力，勇敢面對它，工作會更快樂。愈大的場合，就愈是個舞台，讓大家都可以看到你能力的地方，所以腋下再濕都要上！

每個月來一次，讓人又累又不舒服，它不是大家的好親戚大姨媽，它是月會報告。

每個月那幾天，總會看到本月負責月會報告的三、四位同事臉色沉重，上班時間看到他們對著電腦苦瓜臉，下班後他們還是繼續加班對著電腦苦瓜臉。月會報告除了要檢討上月的業績，還要報告現在進行的展與未來即將開始的展，最後還要介紹新品。對於初次接觸月會報告的同事來說，一直寫到報告當天還在苦瓜臉也是很有可能的。

當你報告完喘一口氣的時候，哈囉，三週後月會報告又要來敲門了喔，絕對比大姨媽還要準時。想想大學時期的報告，期中、期末才兩次報告真的不算什麼啊！

還有一種閻羅王等級的報告，會讓人無比憔悴的，它叫做「改裝報告」。雖然我沒有遇到，但是看到兩位店長與改裝報告奮鬥後的莫名滄桑感，我真的很慶幸自己在還沒遇到時就離職了，所以目前仍可以保有18歲的容顏（撥髮）。

文具店的門簾後

NO. 03

水電工、木工、油漆工外加撿子宮

進誠品文具館的同事，我都告訴他們得完成「三工」才算修行完成，這樣才可以圓滿驕傲說自己是文具管理專員。我小時候沒有做什麼家事，對於一些生活技能不太在行，所以水電工、木工、油漆工，以上三項技能我都是在文具館解鎖的成就喔！想要練就一身功夫的你，歡迎撥打以下報名專線～（老派）

1 水電工。

說到水電工，就不能不提強者我的同事。他當時正負責一個食器相關的展，為了呈現食器晶瑩剔透的質感，他決定讓食器有個會發光的檯子。說得簡單，會發光的陳列架哪裡來啊?! 身為文具店店員，絕對不會上網查詢會發光的檯子，而是默默去查詢怎麼自己牽電線。(主管表示：貴森森買什麼檯子，自己做啊～)用壓克力板製作檯子，然後再把燈埋在壓克力板底下，一開電源就是一個會發光的檯子了。有了這項技能，他應該可以去做外面的招牌才對。

發光的陳列座…?
食器展

google
電燈 牽線
壓克力 DIY
燈座

完工。
純手工底座。
整個都在發光。
哇~~~!!!
good!
驚嘆。

2 木工。

每次大展都是木工、油漆工的訓練營。我人生的第一次電鑽也是在這裡使用的，把層板釘到大型展示架上完全沒問題。（爸媽表示：你平常連拿個鐵鎚都有問題。）

電鑽使用中。
呿!
平常連
鐵槌都不會!
父
母

3 油漆工。

當然，光是木工沒有用，外面的顏色也很重要。情人節就是要粉紅色、聖誕節就是要紅配綠、開學季就要來一面大黑板…等等，最忙的就是五彩繽紛的展，要漆超多不同顏色啊。油漆工除了會塗油漆當然也要很會調色，畢竟整個展的主色調都靠這位專業油漆工。在完成三工的成就之後，就算離職也不會失業了（笑）

調色+上漆
PAINT
PINK
RED
情人節配色。

其實除了「三工」，個人還想再加一個撿子宮。怎麼說呢？各位女性同胞一定要知道，提重物會造成子宮下垂啊！

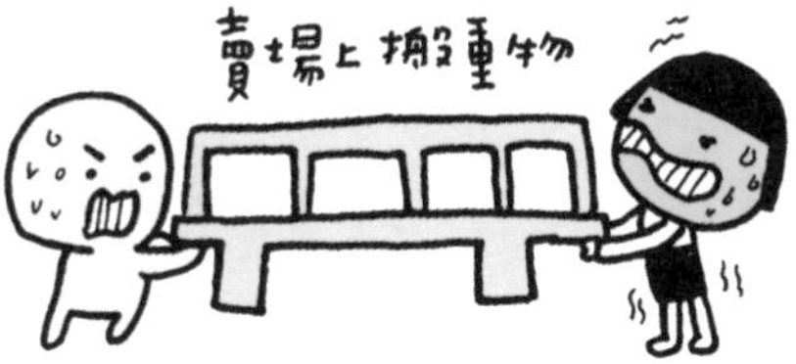

我們賣場上有一些大型的櫃子、桌子，其實在必要的時候都會搬動，但我們不是大力士也不是搬家公司，只能靠吃奶的力氣硬搬。搬完回家還沒事，但睡一覺起來就會開始覺得手腳痠痛了。

還有，記得那個到貨一百多個物流箱的日子，我跟同事一箱一箱這樣搬，邊搬我還邊跟她說子宮會下垂的事情。

處理完物流箱的那一刻，我拍拍她的肩膀，然後以彎腰撿東西的姿勢對她說了一句：「欸，你的子宮掉出來了。」然後兩個人哈哈大笑無法停止，我想這苦中作樂的程度已經攻頂了。

文具店的門簾後

No. 04

十八般武藝樣樣來

想當初面試的職稱是「文具管理專員」，沒想到錄取後自己開始進化成十八般武藝樣樣精通的人。客人所看到的在賣場上的我們，常常是在陳列文具或是進行客服，所以還是非常符合職稱的。但門簾後的我們有時候正在進行一些自己都沒想過的工作，除了水電工、木工、油漆工，我們還是…

調價專員

一大早打開信箱收信，收到了一封總公司寄來的調價通知。所謂調價通常都會是全品牌的調價，對於我們來說，必須先找出所有要調價的商品，撕掉舊的條碼，然後印新的條碼貼上去。感覺非常簡單的過程，一旦商品是英文名稱就非常頭痛了。

像是大家所熟知的mt紙膠帶一調價就會搞得人仰馬翻，除了數量是幾千捲嚇死人之外，光是要找到那款與條碼相符的紙膠帶就要找一陣子。

找到之後，我這個調價專員就像工廠生產線一樣，一個一個撕舊的、貼新的、撕舊的、貼新的。重複動作無數次，過程中不時感覺到眼皮的重量超過負荷，當我貼完一款之後還有下一款在等我。曾經，我有一整個工作天都在調價的經驗，好不容易休息時間讓自己休息一下、收個信，登愣！又收到另一個品牌的調價通知！眼前是滿山滿谷未完成的mt，我不依～我不依～來吧！用mt把我埋了吧！

各種語言翻譯員

因為誠品信義店是在一個觀光點，所以賣場上常常會有外籍旅客。說也奇怪，這些旅客都很有自信覺得講自己國家的語言大家都會聽得懂，最常見的就是日本人直接講日文、韓國人直接講韓文，當我們用簡單的英文反問他會不會英文時，他們都露出好像我會把他們吃掉的臉，完全懼怕英文到某種境界。

也因此，文具店的門簾後有許多待命的翻譯人員，只要賣場上有需要什麼語言的口譯，馬上會到門簾後來呼叫。「欸～韓國人啦～」一聽到同事的呼救，會韓文的同事雖然正在休息，仍馬上以便衣姿態到賣場當口譯人員。

門簾後的我們，還有做另一種翻譯，就是在商品介紹的小標上。為了讓客人可以更了解一些國外進口的商品，我們常常去查詢商品資訊，再翻譯成中文，印出來給客人看。所以以後在賣場看到介紹的小標，別忘了是翻譯員辛辛苦苦在門簾後做出來的喔！

美術設計人員

逛文具館的時候，是不是常常覺得POP非常美。在我還是客人的時期，每次來逛文具館心中都會讚嘆厲害的美術人員。

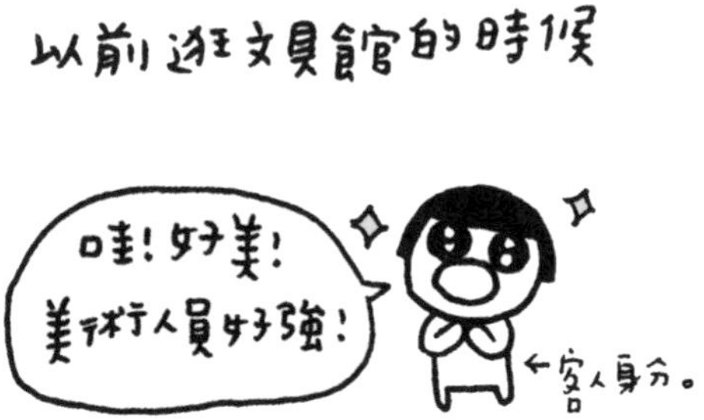

進來當員工才知道，哪裡來的美術人員啊啊啊啊，美術人員就是自己！門簾後的我們，正在努力手工打造賣場需要的一切製作物。

賣場上的主視覺標題字好美，不要懷疑，那是我們把字印出來，然後趴在桌子上割字的成果；這一次的DIY展要做出手繪感，所以出動手寫字很可愛的同事來寫；圖案比較吸引客人，大型牆面的繪製也完全不是問題！

番外篇

離開賣場的放鬆小天地

拿庫存商品、使用電腦、找同事、用餐時間，不管是什麼原因來到了門簾後，文具店店員都算是暫時離開了賣場，與客人短暫隔離中。在賣場總是皮繃很緊的狀態也可以暫時放鬆一下了，嘴邊僵硬的微笑肌也可以任由它隨著地心引力無限下垂。對我們來說，門簾後的快樂非常簡單：可以做自己了 !!!

有天，遇到奇怪的客人…
輕籃的筆
來！
你過來！
?

剛剛在賣場上遇到一位瘋狂的客人，他要我跟他一起細數他買的筆，並且要依照色系排好。

他要我陪他排列
他所買的筆。
這藍的，
這紅的。
我的亮晶晶
玻璃櫃…
玻璃櫃

在進行這些排列與分類的過程中，他希望能淨空所有客人，獨享這個玻璃櫃的空間來排他的筆。「來，這個是暗紅色的，這個是淺藍色。」客人一直在處理他的筆，但又不讓我離開，我的時間都耗在這上面，工作停頓中。他數到一半突然緊張地說：「欸，你看，那個人是不是在偷看我。」我只看到一般遊逛中的客人：「嗯…沒有吧！」客人依然堅持：「他就是來監視我的吧。你們就是派人來監視我對不對！」情緒激動後又繼續處理他的筆。

想逃。
被罰站的概念

而我，我在等一個時間，就像格鬥場上正在苦撐的人會等待的那個中場休息鈴聲。

鈴～鈴～鈴～感謝老天爺，我的用餐時間到了，我有正當理由離開他，並且快速鑽進門簾後。

好不容易用餐時間到
不好意思，我…
邊謅邊退。

迅速衝過門簾，然後…
大翻白眼

別懷疑，鑽進門簾後的第一秒，先放鬆自己全身的肌肉，也放鬆自己的眼球。我的眼球無法控制地開始翻，瞬間白眼翻了一整圈還不夠，整整翻了三百六十度乘以三才過癮。

吼！你知道嗎!!
他耗了我
一個下午!!
吼完氣消。

翻完後，對於賣場上發生的事已經氣消了一半，另一半就要靠分享了。「你們知道嗎！剛剛在賣場有一個瘋子他……」大聲把故事說給同事聽之後，OK，我可以帶著好心情去吃飯了。

門簾後有一個大餐桌
哇!!
拜拜剩的
Lays
Lays
伴手禮

除此之外，客人看不到的門簾後還有一個餐桌。這個桌子上常常有同事帶來的伴手禮，所以我們也常常趁離開賣場時抓一個小餅乾放嘴巴補充體力。

您好~
客人
餅乾屑。
偷吃被抓包。

快速咀嚼吞嚥，再出去賣場時當作什麼東西都沒吃過（可是小姐，你的嘴角有餅乾屑啊…）。這個桌子也是大家使用筆電、吃晚餐、休息、寫手帳的桌子，可以說是大家情感交流很重要的一個的空間。

我們也很常在這客人看不到的小空間摟摟抱抱（誤）。由於同事之間的感情都很好，在客人看不到的地方就會有點情不自禁開始打打鬧鬧，甚至會有整個人撲上另一個人身上的這種俏皮劇情，好吧，我先承認我就是會撲人的那個人。因為有一個同事很軟很好抱，所以我常常以各種姿勢撲到他身上，像無尾熊那樣黏著他，上班壓力瞬間釋放。

門簾後可以摟摟抱抱。

同事間的
情感交流啊!

在賣場上的一切風風雨雨，都能在門簾後獲得解脫，對於文具店店員來說，這是在重要不過的上班中繼站了。

PART.05

對不起已讀你的問題

如果客人的一個問題寫一張便利貼，相信店裡很快就有爆滿的便利貼牆。一年後就可以輕鬆貼滿整個萬里長城。——Mikey

跟大家介紹一下，
這位是我的背後靈！

開始之前，我要介紹文具店店員的背後靈出場。

● 客人看不見
● 專長→翻白眼
● 有時說話需消音

背後靈是文具店店員內心的真實表現，
客人看不到的那個部分喔！
當我們內心其實有在回答問題，
只是怕傷了您脆弱的心靈，真的說不出口而已。
所以，對不起，已讀你的問題。

POINT!
PART5 閱讀須知

店員們！請勿大聲嘻笑＋出考題！
客人們！請勿對號入座＋玻璃心！

NO.

01 這罐墨水可以用多久？

苦主➡J.herbin午夜藍10ml

這個問題真的被問到怕，在我心中榮登最適合被已讀不回的問題。曾經問過類似問題的朋友，登愣～恭喜您獲得此項殊榮！

關於您手中的這罐10ml的墨水可以用多久，在此我願意慢慢來回答您。

首先，我不知您是一天寫一個字、一段話、一篇文章，還是抄一本般若波羅蜜心經。如果是每天寫一個字，那麼在我們有生之年，保證這罐墨水都不會用完。如過是要抄經書，那我建議您先去換30ml的來結帳。

第二，這跟您用的筆有關，用EF尖（極細）和用BB尖（極太）的鋼筆寫字本身出墨量就差非常大。用針沾來寫字和用油漆刷沾來寫字，墨水用量也是完全不同的等級。

第三，不知道您買這罐墨水的用途是什麼？如果是潑墨畫，那豪邁地給它用力潑出去，1秒就用完了。當然也還有一些個人使用習慣的因素，像是如果用好之後沒有蓋蓋子，就比較容易揮發乾掉；我們也有遇過墨水罐內發霉，最後自成一個噁心生態圈的狀況；另外如果很常洗筆讓各墨水都能被寵幸，這罐相對就比較少用，自然可以用比較久囉！

總而言之，關於墨水可以用多久，大概就是用到墨水罐空了那麼久喔！

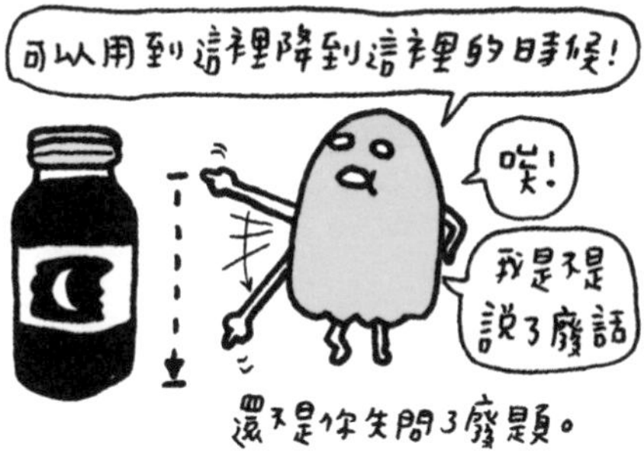

相同題型考前複習

個人使用習慣不同，就會造成文具使用結果的不同。

- 這枝筆可以寫多久？ ➡ 寫到筆寫不出來了那麼久！
- 這筆袋可以裝幾枝筆？ ➡ 裝到筆袋滿了那麼多枝！
- 筆芯多久換一次？ ➡ 我建議您的腦袋先去換一下先（誤）

No. 02 這枝筆好寫嗎？

苦主➡uni-ball AIR

「我想問，這枝筆好寫嗎？」非常直白的開頭，卻是難以回答的困難問題。
「嗯…那邊有提供試寫喔。」本人一直都是強力推薦試寫。
「我是想知道你覺得好不好寫。」
「嗯…」文具店店員我在回答上陷入了困境。

我要說好寫嗎？其實這枝筆根本不是我的菜，光外型就先被打槍了，寫起來也不是我特別喜歡的那種。但是滑順和特殊的墨色呈現的確沒話說。

我要說我沒有很愛嗎？這…有人賣水果會說自己的水果沒有很好吃嗎…更何況身為店員怎麼能不幫老闆多推銷一下商品呢？

一樣米養百種人。在使用文具的時候也一樣，每個人都有自己的喜好。舉例來說，我老爸覺得最好的本子就是自己夾成一本的日曆紙，然後他覺得最好用的就是各種贈品筆（特別是印有紅色標楷體的那種廣告筆）。曾經有人送他一枝萬寶龍鋼珠筆，他眼中根本就容不下贈品筆以外的筆，所以也沒去了解白色小花是什麼就直接丟在角落了。（喂～那很貴欸！老爸！）如果我推薦給他一本我覺得很好寫的巴川紙筆記本，肯定也是馬上被唾棄啊！

總之，店員就算本身不喜歡某件商品也無法跟你說真心話啊！況且大家的喜好都不同，所以還是先試用再說吧！我覺得不適合我的筆，說不定對你來說非常好寫呢！

相同題型考前複習

大家喜歡的都不一樣，敬請無限期支持試寫、試用。

- 這本筆記本好用嗎？ ➡ 好好用喔，好適合你喔，剛到貨喔，剩一本喔。（誤）
- 這把剪刀好剪嗎？ ➡ 好好剪喔，好修身，好時尚，拿起來好年輕呢！（大誤）
- 這枝鋼筆寫起來順嗎？ ➡ 超順的，我下筆後從A4紙左上角一路滑到右下角耶。（詐欺罪起訴）

NO.
03 我要送我朋友禮物，有推薦的嗎？

苦主➡你朋友

這位客人已經在店內繞了好幾大圈，始終沒有對任何商品感興趣，純粹就是走走看看的概念。後來開始在收銀台附近走來走去，欲言又止的感覺。

「請問需要找什麼嗎？」文具店店員決定主動出擊。

「我要送我朋友禮物，有推薦的嗎？」

「…」此時無聲勝有聲。

「女生！是女生！」客人彷彿嗅到店員的無奈，趕快再補充形容一下朋友，沒想到線索卻還是少得可憐。

你當然可以問這題。可是瑞凡，我…我不認識你朋友啊！

這樣說好了，朋友有很多種，有的人平常都沒在用文具，有的人則是文具狂。在你決定要走進文具店要買禮物的那一刻，應該是確認你口中那位朋友是喜歡文具的吧？接下來就要了解朋友的風格了，像我媽就是哈囉凱蒂小愛心的少女心路線，朋友 A 是水彩小清新路線，朋友 B 是美式旅行風路線…如此不同的風格，文具店店員真的無法猜你朋友是哪一路的。如果，一不小心送哈囉凱蒂給你喜歡伊藤潤二風格的朋友怎麼辦！

相同題型考前複習

你朋友如果知道你不了解他，他會哭哭。

- 你覺得媽媽會比較喜歡這個還是那個 ➡ 媽媽百百款，我不知道你媽媽是哪一種 STYLE 啦。
- 畢業禮物買什麼比較好啊？ ➡ 如果這麼不熟，我覺得你去買花買熊買氣球比較好喔。

No. 04 這枝紅筆畫出來大概多紅？

苦主➡uni UM-153 RED

首先，恭喜曾經提問這題的客人，您寶貴的問題被編輯相中，登上本書封面了！（灑花）

這位客人前來詢問上一枝筆的問題時，我已告知筆都可以試寫，但是不知道為什麼還是會產生讓文具店店員臉上三條線的疑問…「這枝紅筆畫出來大概多紅？」

嗯…這枝紅筆到底多紅呢？文具店店員腦內的形容詞沒有很多可以用，這麼紅、很紅、超紅、紅吱吱！

如果要詳細說明的話，這枝筆畫出來大概是53％的番茄紅加上21％的櫻桃紅、19％的媽媽臉上腮紅，最後加上7％的廟會燈籠紅。

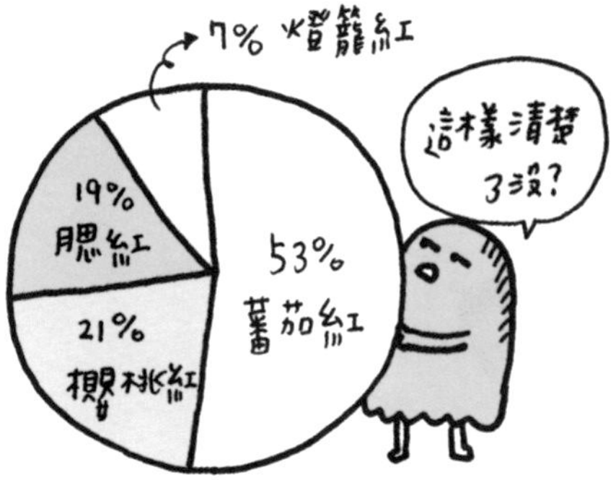

如果對顏色上仍有任何疑慮，建議您先買PANTONE色票再來說喔。

文具店店員強力建議，任何文具都是自己去體會最棒了。畫一筆，你就會知道是不是喜歡的紅，店員對紅色描述再多真的都沒有意義啊！

相同題型考前複習

每個人心中都有一把尺，你的刻度和我的一定不一樣，試用就對了。

- 這支鋼筆的F尖是多粗？➡ 嚴格上來說是1.5392479319105507mm，請試寫。
- 這本的紙是厚的嗎？➡ 絕對不會有火腿蛋吐司裡的火腿片那麼厚，請試用。
- 藍色是接近牛仔褲那種嗎？➡ 我不太明白您的是漂白刷舊牛仔褲還是哪種，請自備PANTONE色票。

No. 05 這個紙可以畫畫嗎？

苦主➡TRAVELER'S notebook 013輕量紙

有位客人在TRAVELER'S notebook那一區站了超久，彷彿正在思考各種內頁的不同，準備醞釀出本世紀最厲害的問題來考考店員。終於，他開口了：「請問…這個紙能畫畫嗎？」

客人手中拿著編號013的輕量紙一臉疑惑地詢問店員，而且是已經被客人試寫試畫了非常多頁的SAMPLE。我當下有愣了幾秒才回答，如果讓你覺得被已讀了，在此感到非常抱歉。

OK，首先，你對畫畫的定義是什麼呢？要畫水彩的意思嗎？要用鋼筆墨水的意思嗎？我並不明白問題本身想要問的東西，所以才會無從回答。況且，哪種紙不能畫畫呢？影印紙、估價單、日曆紙、甚至是餐巾紙都可以畫畫呀，只是呈現出來的效果不一樣而已唷。

最後，你手上拿的就是SAMPLE本呀，能不能畫畫就如同你翻開所見的那樣。再不然，自己拿出你要畫畫的筆，親自在SAMPLE本上塗塗寫寫是最保險的喔！

相同題型考前複習

沒有不可以的事情，只是看你喜歡哪一種效果而已。

- 這本可以蓋章嗎？ ➡ 帳單也可以蓋章、回收的紙箱也可以蓋章、您的額頭也可以蓋章。
- 這支筆可以畫牆壁嗎？ ➡ 沾泥巴也可以畫牆壁、火龍果也可以畫牆壁、血書也可以。
- 這把剪刀可以剪紙嗎？ ➡ 您要不要先剪斷您混亂的思緒先。(誤)

NO.
06 會再進貨嗎？大概什麼時候？

苦主➡KURUTOGA 0.7 赤芯

這天，下午來了一位客人，想要購買 KURUTOGA 0.7 赤芯。

「不好意思，我們這款目前缺貨了耶。」

「沒貨了嗎？會再進嗎？大概什麼時候會有貨？」好一個問號連三發啊。

「這個不確定喔！」

客人離開後不久，晚上居然到了一堆貨！（真的很少有貨運是晚上到的）因為也不知道到了哪些東西，就一箱一箱拆開。好死不死某個箱子裡就有 KURUTOGA 0.7 赤芯！！！PO了到貨開箱照上傳後過不久，這位客人就不太開心地在網路上抱怨著店員一問三不知的狀況。文具店店員只能默默表示無奈。

這邊來幫文具店店員平反一下，首先，文具店店員沒有訂貨的權利，如果老闆不說，我們不會知道老闆想不想繼續賣這個商品，也不知道老闆在幾年幾月幾日訂了哪些東西出去。假設老闆有告訴我們何時訂了什麼，我們還是不知道❶哪種運送方式 ❷商品會不會卡在海關 ❸廠商會不會缺貨。

基於以上因素，頂多，我們只能回應有沒有再訂出。沒有人可以保證商品什麼時候會到貨，因為貨運是一種無法控制的因素，空運很快，但是也有停飛的班機。就算到了機場，還有重重關卡要通過啊。另外，我們真的不敢保證廠商那邊一定有貨可以出給我們。訂單是一回事，廠商有沒有貨可以出又是另外一回事。

相同題型考前複習

這不是小小文具店店員能操控的事情啊！

- 你們會進這個新品嗎？ ➡ 嗯…我不是老闆…我無法決定要不要訂貨…
- 我週末來買還會有貨吧？ ➡ 我真的不知道客人會不會把東西買光光啊！
- 這枝筆暑假前有可能到貨嗎？ ➡ 這題太難了，下一位～

No. 07 有新的嗎？

苦主➡MD notebook cotton A5

這位小姐非常確定自己要買的商品，手上一直拿著一本MD cotton並仔細端詳。三分鐘過去，五分鐘過去，她還在認真觀察手上那本筆記本。

「需要幫忙嗎？」我真的很少主動詢問客人，除非是我覺得她好像有問題需要幫忙。

「嗯。這個還有新的嗎？」客人非常小聲，幾乎是氣音的方式問出這句。

「有，請問需要幾本？」我認真以為客人是要大量購買耶。

「看有幾本，我只是想要看看。」

這位客人手上就是一本完整包裝的MD，雖然不知道對哪個環節特別在意，但就是需要再看看其他本。嗯…庫存約莫還有個15本啊！都搬出來給他挑也不太對，所以我就拿了5本出來。這下她又在原地陷入了自己的顯微鏡世界，而且超。久！久到我不得不再關心一下：「請問…有需要幫忙的嗎？」「嗯，沒事，我還是拿原本那本就好。」

文具店店員常常會遇到客人手上拿著新的東西，架上也還有一大堆新的，卻還是要再看其他個的狀況。喂！你手上那個就是新的！而且像紙膠帶庫存都是50個起跳，永遠看不完啦！

相同題型考前複習

客人的眼睛都有內建顯微鏡，但是文具店店員真的看不出來。

- 包裝摺到了，有新的嗎？ ➡ 蛤？哪裡？我不知道你的明白。但是拿另一個給你沒問題。
- 這邊木紋怪怪的，有新的嗎？ ➡ 樹木先生覺得自己被嫌棄了。但是拿另一個給你沒問題。

No. 08 怎麼這麼貴啊？

苦主➡MIDORI黃銅原子筆

某天，客人拿著黃銅原子筆跑來問我：「價格是上面的嗎？這怎麼這麼貴啊?!」他這浮誇的表情和語調一出來，馬上讓我想起以前在誠品上班時常常遇到以下客人間的對話：

「欸欸，你猜這個多少錢？」要微微帶一種奸笑的表情問這句。
「不知道耶。三百嗎？」友人通常猜那種在大賣場會有的價格。

「你看這裡～一千零八十！」硬要給友人看標價已表示自己沒有亂掰。
「靠！怎麼這麼貴啊！」友人表情之浮誇的。

人客啊！您先收起浮誇的表情啦！我跟您說明一下，您手中的midori黃銅尺在台灣是有代理商的，有代理商就會有價格上的控管，並不是說我們想要訂多少錢就多少錢的喔。在這裡也要為誠品平反一下，常常有客人覺得誠品的東西很貴，但其實誠品的售價都是廠商訂的，沒有特別把價錢再往上調。

會造成誠品很貴的錯覺，是因為外面的通路都流行削價競爭，把廠商的建議售價當作參考用，自己下殺折扣。舉例來說：去光南買SARASA CLIP一枝不用30元，而且瘋狂送修正帶，一枝就送一個。事實上SARASA CLIP的建議售價一直都是45元才對喔。

相同題型考前複習

很多供應商的因素，文具店店員管不著啊。

- 今天沒有送贈品喔？ ➡ 廠商的活動就是到上星期五啊…
- 怎麼沒有出藍色的啊？ ➡ 需要幫您打越洋電話詢問一下日本品牌的設計總監嗎？

No.

09 有賣鋼筆的卡水嗎？

苦主➡你的鋼筆

一如往常的開店日，開門後總是會有零星的客人搶在第一刻進店裡逛逛。其中有一位客人眼神盯著櫃台，沒有逛店裡就直直向櫃檯走過來。「小姐，有賣鋼筆的卡水嗎？」開門見山表達自己要的東西，非常好。

「有的，請問是什麼品牌？」

「就鋼筆的啊！」表情異常堅定，內心應該覺得店員問了個很廢的問題。

「不同的鋼筆品牌需要使用不同的卡水，所以要跟您確認一下。」

「鋼筆用的那種就可以了啦！」

請原諒我在原地眼神放空了20秒左右，我不知道是自己表達有問題還是當天氣場哪裡不對，為什麼您的回答一直在鬼打牆。我知道是鋼筆用的啊，可是我一個小小的文具店店員沒有辦法算到你買的是哪一款鋼筆，根本沒辦法幫你介紹卡水，OK？如果買了一盒卡水，回家卻不能用不就麻煩了⋯

所以，麻煩停止鬼打牆，趕快回家認識您的鋼筆或是把鋼筆帶來吧！

相同題型考前複習

我沒有辦法用任意門到你家去看你買哪一種。

- 有賣自動鉛筆筆芯嗎？ ➡ 不知道自己的自動鉛筆是0.3、0.5、0.7、0.9，我沒辦法賣你啊。
- 這個書套可以用在一般筆記本吧？ ➡ 所謂一般的筆記本是有多一般，總要來點尺寸吧？

番外篇

我朋友上次就是用刷卡的

苦主➡不存在的朋友。

「小姐，結帳。」客人把信用卡直接壓在商品的最上面。

「不好意思，我們沒有刷卡服務喔。」

「我朋友上次來就是刷卡結帳啊。」超肯定的語氣。

「不好意思，我們真的沒有刷卡機。」

「那我朋友為什麼可以！」這口氣好像在怪店員差別待遇，不讓客人刷卡一樣。

看客人堅定的眼神，我真的愈來愈毛，背後一股涼風吹過。不知道店裡是不是在晚上會有個深夜文具店，邀請各路好兄弟來購買文具，並且提供刷卡服務？這位客人，您的朋友是否也是參加深夜場呢？不用腳逛文具店、是用飄的呢？恭喜您結交了一位非常特別的朋友喔。

如果不是的話，那我就很納悶了。因為打從開店元年，老闆就沒有收銀機啊，更不用談什麼刷卡機了。店內最先進的儀器只有簡易式發票機，沒有更多。

相同題型考前複習

鬼門已經關了，請快承認你的朋友不存在。

- 我朋友他上次來有買過這款啊 ➡ 但老闆說他從來沒有進過這款商品。
- 我朋友就是在你們FB看到的 ➡ 但老闆從來沒有PO過這種照片啊！

PART.06

我們都是這樣推坑你的

仿冒的文具只求外型像，永遠不會有正版商品的質感。很多時候也唯有文具店店員真心喜歡某樣文具，才能做出最具推坑效果的廣告，假不來。——Mikey

我們都是這樣推坑你的

NO. 01

宇宙無敵超殺 SAMPLE

在我還是小菜鳥的時候，遇到了一年一度的DIY展。當時的主管說：「這次的展就交給你了喔，我會帶著你做。」不得了，DIY展耶，算是誠品文具館盛事之一，小菜鳥接到這種展除了緊張，更多的是興奮。一戰成名就靠現在了（握拳）！

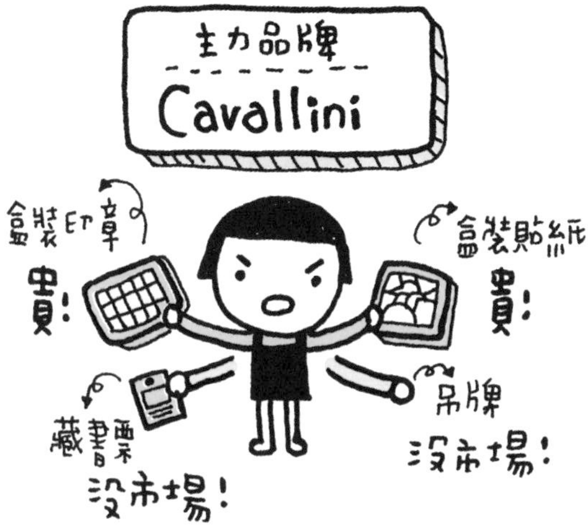

這次DIY展的主力品牌是Cavallini，這個品牌有強烈美式、復古、旅行的風格，平常在文具館就是獨樹一格的明星品牌，也是同事的愛用品牌。平常大家比較熟知的是Cavallini的包裝紙，但這次參展的商品還有印章、藏書票、貼紙、吊牌⋯等等。印章一盒動輒近千元，貼紙一盒也要五百多，一看價錢就知道~~很難賣得動~~是很有質感的商品。

非常商品需要啟動非常推坑計劃才行！

當時的主管是陳列高手，她建議我把整個櫃子用紙包起來，讓這個櫃子從整個賣場的櫃子中脫穎而出。於是我用了藍色的紙把整個櫃子包了起來，然後在紙上蓋滿了這次DIY展會販售的印章。所以在櫃子前遊逛的人，都被迫看到印章蓋出來的SAMPLE。就算你沒有被推坑，這個品牌和這些圖案也已經烙印在你腦子裡了。

一開始我就決定要完成一本無敵SAMPLE，一本讓人翻了就想提一籃商品去結帳的SAMPLE。所以在展桌的正中間，我放了一本超大剪貼簿，裡面是運用Cavallin各種商品拼貼而成的法國旅行紀錄。這本無敵SAMPLE每天都有客人會停在前面翻閱，感謝各位被推入坑的客人，剪貼簿到展後還在文具館沿用了非常久喔。天知道我根本沒有去過法國，當時連飛機都沒有坐過啊!!!

這個展桌上的陳列道具跟其他區都不一樣，裝商品的木盒用包裝紙貼了外盒，墊高用的積木也貼上的包裝紙。除了增加展區的氛圍之外，客人不用到包裝區就能在這裡看到各式各樣的包裝紙SAMPLE，不被推坑也被強勢置入了喔。

果不其然，文具店店員推坑客人成功！第一天就有亮眼業績進來了，而且延燒了整整一個月！文具店菜鳥對於首戰勝利表示感恩。每天最常遇到的就是客人指著櫃子上的章問說是哪一款，或是拿著剪貼本問是什麼商品貼的、什麼印章蓋的。Cavallini也在本月達成業績最高峰啦！

DIY展另一個重點是新品牌Yellow Owl Workshop的加入，印章的價格對客人來說也是偏高。為了讓客人認識這個品牌，我特地製作了目錄本。一翻開就能看到品牌故事和各式印章蓋出來的SAMPLE。雖然商品很少，只能佔著展桌的小角落，但亂入在DIY展之中還是靠著SAMPLE成功推坑客人衝出新品力道了喔！

我們都是這樣推坑你的

NO. 02

更換陳列，舊酒裝新瓶

某天我站在鋁梯上，在狹小的空間整理庫存區的商品。赫然發現一個陌生的小箱子，外箱連一點標示都沒有，而且被放在頂樓加蓋再加蓋直達天庭的地方，中央空調出風口長年這樣直接對著這個箱子吹。因為怕衝出什麼生物，所以我小心翼翼地打開。

我簡直不敢相信自己的眼睛：「哇塞！這難道就是傳說中商品界的木乃伊！從信義店開幕以來一直存在的人瑞級商品渡邊先生！」說到渡邊先生的徽章，在誠品待久一點的沒有人不認識它，因為它每每出現在滯銷排行榜的最頂端，從來沒有缺席過。

就算店內已經很認真的把整個品牌都下殺折扣，還是沒有在賣。這麼棒的插畫徽章，是怎麼了嗎？

文具店店員不是擺東西上去櫃子而已，還要想辦法搔得客人心癢癢，把商品賣掉。面對一小箱的渡邊先生，李組長眉頭一皺，發現案情非常不單純，既然被我看到了，就不能坐視不管，那就先來剖析它滯銷的原因吧！

原因 1 賣相不佳

因為放了很久，它的外包裝留下了年代的痕跡，透明的OPP袋已經不太透明，上面所貼的條碼也已經糊掉。整體看上去就是大大寫著「我很滯銷」四個字。

解決方法：當下立刻發狠決定拆掉所有外包裝，用全新的OPP袋重新包起來，條碼也重新印出來貼上。原本看起來是在頂樓加蓋陳封已久的木乃伊，現在看上去已經是剛到貨的新品了。

原因 2 商品不齊

渡邊先生所剩下的商品就是徽章和零星幾個小包袋。陳列在櫃子上就是大概一碗拉麵的空間，很像是文具館內的孤兒，沒有主題性、無法吸引人注意。

解決方法：製作一個較大型的看板吸引目光，上面寫著插畫家的介紹，再把各款徽章都別一個上去，讓客人一眼看過去就知道有賣徽章。（而且客人常常有一種看到看板就覺得正在做活動的錯覺）另外再把店裡面比較類似插畫風格的商品也擺在一起，製造這個區域很熱鬧很豐富的氛圍。喔對了，小藤籃、小畫架、小樹枝這種假掰文青風格的陳列道具當然是不能少。

全新陳列完成！現在一整個圓形櫃就像是一個新的插畫商品展啊！就算只是一張圓形小桌子的空間，但是常逛的人一走過去一定就能發現不同，很少來逛的客人也可以感受到這張桌子正在展售特別主題性的商品。看著展桌上的一切，我覺得很滿意，內心期盼著人瑞渡邊能夠被喜愛它的主人帶回家。

興沖沖的我，隔天一早來就馬上跑日銷報表，登愣～一個徽章都沒賣。

第二天再跑報表，還是沒賣半個。往往調整陳列都能夠帶來一些新的業績，沒想到本人此戰慘遭滑鐵盧，只好帶著戰敗的鬱悶心情休假去了。

隔天休假回來，渡邊先生的陳列居然開始發威了，副店長特地跑過來跟我報好消息：「昨天結帳結了好幾個渡邊先生徽章喔！」我不記得自己是什麼反應了，只記得臉頰熱熱的，啊…那是淚嗎…我賣掉人瑞商品渡邊先生了嗎…

我們都是這樣推坑你的

NO. 03

商品混搭跟真的一樣

常常有這樣的情形
去買一本MD筆記本吧！
SHOPPING
一本筆記本
一大堆文具

有沒有過這種經驗，本來只是要到文具店買一本筆記本，結果卻提著一大袋文具回家？這不是我們亂掏錢包買東西，而是店員們太會商品混搭，搞得我們只好全部包回家。就像是本來只是要去服飾店買一件內搭褲，結果看到櫥窗的麻豆搭得超好看，結果全身行頭都買了下來，連鞋子都沒有放過啊啊啊啊～

色彩陳列 同樣顏色的擺一起

一枝黃色的鉛筆，沒感覺嗎？再加一本黃色的筆記本呢？再加一捲黃色的紙膠帶呢？黃色的橡皮擦、黃色的夾子、黃色的尺、黃色的筆袋、黃色的資料夾…通通擺在一起呢？同色系的東西共同陳列也是零售業很常用的方式，除了整體看起來會很壯觀之外，喜歡黃色的人可以一次看到所有黃色的東西，進而全包（誤）。同色系的這種混搭商品方式，我自己也很喜歡喔，也常在別的店因此目光被吸引而無法自拔。

各種組合 想得到想不到的各種名目

小文青組合、開學組合、夏季清涼組合、兩週年限定組合…各式各樣的組合，到底哪來這麼多的組合啊！為了推坑客人一次不只買一件商品，推出組合絕對是最棒的方法。所以文具店店員上班時，需要幫商品想一些搭配，例如：一枝鋼筆就應該再搭一罐小墨水和可以寫鋼筆的筆記本。印章就來搭配印台、印章墊和印章清潔液。這樣的組合，讓人覺得非常合理，創造出有A怎麼可以沒有B的概念，所以一不小心，客人就會跌坑而買一組啦！

交換禮物包套 幫你配好，快狠準！

耶誕節絕對是大家最會亂買的時節，特別是時間愈接近交換禮物當天，亂買的客人愈多。文具店店員絕對不能放棄這個輕鬆推坑的好時機，趕緊拿出一些適合聖誕節的小物加以搭配組合。分成300元禮物區、500元禮物區、1000元禮物區，趕時間要交換禮物的人，通常沒有多少思考時間，而且看到這樣方便又不用動腦的組合，絕對是馬上拿了前往收銀台結帳。

除了這個，買好的禮物不能沒有包裝啊，所以包裝也順便幫你打點好。包裝台各種包裝好的閃亮亮禮物SAMPLE，完全激發客人想要把禮物搞得富麗堂皇的動力！包裝台可以幫你包裝紙包好加緞帶配到好，上面再加雪人吊飾、麋鹿封口貼，很有面子地去參加交換禮物PARTY。

因為客人通常很趕時間，所以也很迅速帶著包裝單去結帳，等到PARTY結束冷靜整理發票時，大概才明白自己買了什麼禮物…買了什麼包裝服務…。在此安慰一下被推坑的客人們：包裝有點貴，但在PARTY上走路有風，無價！

番外篇

話是這麼說的沒有錯

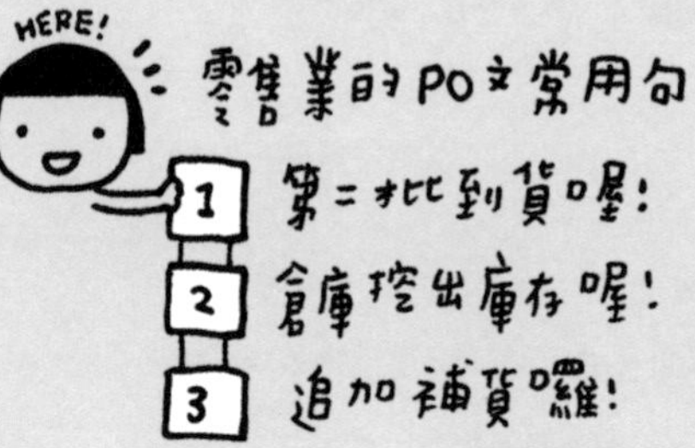
HERE!
零售業的PO文常用句
1 第二批到貨喔!
2 倉庫挖出庫存喔!
3 追加補貨囉!

1 各種名義的到貨

對以下這些文具店常用的PO文用句，是否感到非常熟悉？而且不管是服飾、3C或任何零售業，這些句子都是常用TOP3。

「富士山造型便利貼第二批又到貨喔！」
「又從倉庫挖出一些高人氣的粉彩色鉛筆囉！」
「橡皮擦又出新色啦，之前的顏色也都追加了！」

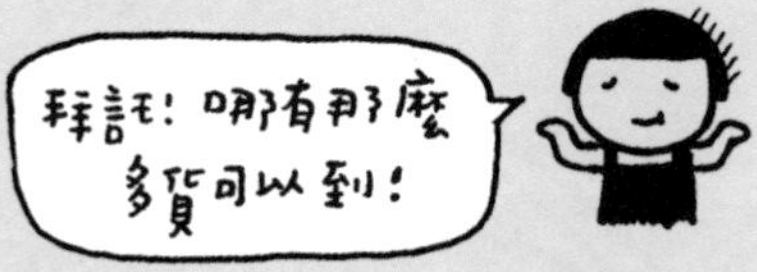
拜託! 哪有那麼多貨可以到!

在此冒著生命危險跟大家分析一下這三句PO文（擦汗）。雖然看起來是三種不同的狀態：第二批到貨、挖出庫存、追加補貨，但其實，都是同一件事：「我們這個商品很滯銷。」

通常是這樣的情況...
超滯銷的! PO個文吧!
庫存超多

呃…當然也有真的到貨的時候，但八成都是因為很滯銷所以想讓商品再次曝光，或是想讓客人覺得這個商品很受歡迎。重新拍個商品個人沙龍照，再來拍個數量超多的照片，如此就能用這三句話的名義讓商品再次登上粉絲頁或IG的版面啦。

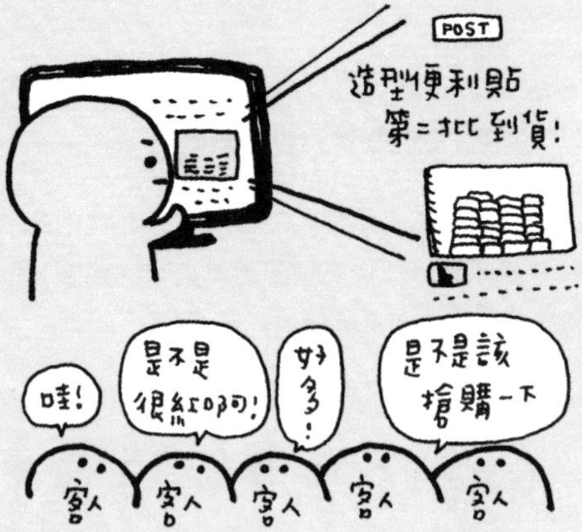

（老闆在我背後，他很火。）

現在，我再重新翻譯一下這三句話：

1「富士山造型便利貼第一批都賣不完，現在還剩一座山那麼高。快來把這些滯銷的東西買走！」

2「倉庫裡的粉彩色鉛筆有夠佔空間，灰塵都厚厚一層了。快來把這些滯銷的東西買走！」

3「橡皮擦出新色了，但是之前的顏色還有一拖拉庫，搞得我們心慌慌，新色不敢進太多。快來把這些滯銷的東西買走！」

翻譯完，我相信大家都看到重點了──**「快來把這些滯銷的東西買走！」**通常客人就會微微被推坑，造成商品銷售的小山坡。雖然有點謊言，不過往好處想，也是有機會讓大家重新認識一下好的商品，不然被埋沒在文具店裡很可惜唷！（老闆，可以饒我一命嗎～）

2 各種名義的出清價

文具店也常常會有出清活動，客人往往都會因為價錢太殺而掉進坑裡掏錢買單。九折八折那種都還算正常的範圍，但有時候價格便宜到不可置信，就是有八卦特殊的狀況了。

「廠商特惠活動，墨水5折喔。」➡ 不知道是在買瓶子還是裡面的墨水…

「第一代貼紙絕版出清中，買就送限量版貼紙簿。」➡ 贈品比買的東西還要貴是…

「資料夾搭原子筆，開學特惠價10元。」➡ 不小心走進10元商品店的錯覺…

三種不同的情況：廠商活動、絕版出清、開學特惠，如果價錢低得太誇張，那只有一個原因 ➡ **我們跟廠商分手了！**

以下有請誠實翻譯機：（老闆，這都是翻譯機說的，不是我說的喔！）

1「廠商太難搞，我不要再進他的貨了，隨便賣一賣清庫存。」
2「我不想再看到這個廠商的任何一張貼紙在我店裡！快點賣掉！」
3「為了氣死廠商，所以商品半買半相送。」

其實這樣的活動滿好的。讓老客人可以用便宜的價錢買到想要的東西，或是讓剛入門的人可以用便宜的價格入手玩玩看。至於愛恨情仇八卦的部分，就不是我們店員可以接觸到的範圍。這八卦世界上只有三個人知道，一個是廠商、一個是老闆、一個我不能說啊…

PART.07
文具店員的下班後

調和棒是色鉛筆將兩色疊色、混色的好工具，讓兩個顏色之間沒有明顯的交界。在工作與休假之間，界線始終很模糊。因為這份工作某方面來說也是生活樂趣。——Mikey

NO.
01 最重要的三件事：吃宵夜、吃宵夜、吃宵夜

下班後的文具店店員，滿身汗又有點髒，不過我們絕對不是立刻打下班卡衝回家洗澡。

在完成店內工作後，邊脫圍裙就等不及邊進行的第一件事就是轉身問同事：「欸，今天宵夜要吃什麼？」老實說大約從下班前一小時開始，腦中就完全沒有食物以外的東西，就算眼睛盯著商品、嘴巴回答著客人的問題，但我的腦子還是只有宵夜，同時還促進著唾液的分泌。即將閉店的時刻對我來說真的非常難熬啊！

以前公司那邊有一家24H的吉野家，在此真的要再跟吉野家表達感謝之意。它在信義區百貨點存在的意義，就是飲食界的救世主。我們和櫃姊的上班時間一樣，客人離開之後，我們再整理整理、寫完交接留言本就可以準備下班了，差不多會落在10點30分左右。這時候如果想吃到新鮮不微波的白飯、青菜、肉這種正常餐點，就只有信義區救世主吉野家了。

因為實在吃過太多次，MENU已經完全烙印在腦子裡，通常我們還沒走到吉野家就先在腦子裡想好要吃的了。「韓泡牛加大，小菜毛豆，紅茶換味增湯。」身為飢餓的文具店店員，走到櫃台一定要快狠準點完。當然，韓泡牛這種專業用語是一定要的，就跟走到7-11說中冰拿一樣自然。

其中有一位同事很喜歡在吉野家另外單點納豆，然後把筷子放在整碗納豆裡用宇宙超光速攪拌。「咻～咻～咻～」一起吃宵夜的我們就這樣看著高速旋轉的納豆，就像把上班的一切壓力都拋出去一樣。雖然整顆心都被療癒了，但真的是臭死了。

「X的！等一下！這是什麼啦！」我們眼前出現一絲一絲的漂浮物，緩緩從天而降⋯沒有什麼比文具店店員下班後的納豆拋彩帶PARTY更值得大笑一場的了。

吉野家好多歹說吃一餐也要一百多元，以我們的薪資來說，實在禁不起天天這樣吃。很幸運地，往旁邊走幾步就有一家超平價的銅板美食芝香涼麵，堪稱信義區飲食界救世主二號。下班後的我們，也常常揪團吃芝香，同事對宵夜場都超踴躍，通常需要併桌。

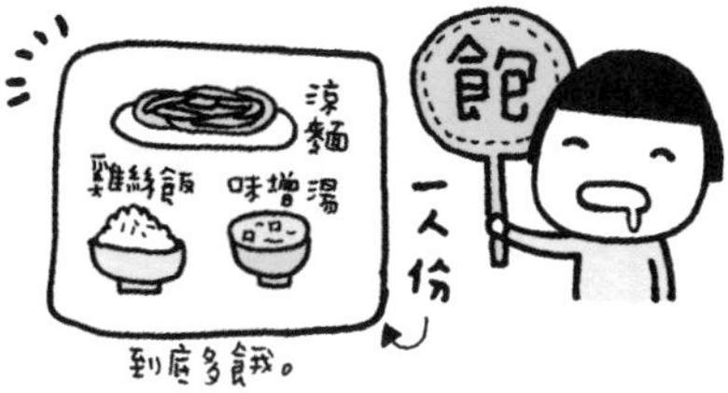

涼麵、雞絲飯、味增湯，各種平價美食把文具店店員的胃裝滿滿。

因為芝香不像吉野家那樣適合坐久一點聊天，所以吃完芝香我們會過個馬路續攤喝金礦咖啡。咖啡店是個神奇的地方，時間好像都會趁機快轉，聊一聊看手錶就會發現已經過十二點了。文具店店員的宵夜場總是一大堆八卦，深夜一、兩點才回家的紀錄也是有的喔！

→下班後腦部自動關機又自以為省錢的我們。

回家時，坐下來算算今天的宵夜花費。「芝香涼麵加金礦咖啡…啊啊啊啊啊…不對啊…比吉野家花更多啊…」

No.

02 沒情人沒朋友的廢物人生

休假的文具店店員，專長絕對是耍廢。

休假的前一天都會搞到凌晨三點左右才睡，隔天起床的時候就中午了。起床後刷牙、滑手機、書桌前東摸西摸，就是不願意走出門買早餐中餐。好不容易拖著沉重的身體出門買飯回家吃，吃完又陷入了午後的昏昏沉沉。下午如果心有餘力，會玩玩手邊的文具、寫點手帳。大概到晚餐時間就會驚覺，啊，休假快結束了…我好廢…好吧…反正剩幾個小時了…就廢吧…（倒）

Q：怎麼不約朋友出去玩呢？

好問題。我們有朋友，但都是很難碰面的朋友。固定週休二日的朋友佔大多數，它們都是六、日整天有空，而我們服務業週末最忙了，完全對不上。年節與國定假日也是服務業生意最好的時候，很難會有排休的機會。

如果同樣是服務業的朋友，就要看排班的運氣了，早班和晚班的錯過、上班和休假的錯過。關於數學的機率我實在不太會算，不過真的不是很好約啊。

Q：不然趕快去談個戀愛如何？

喂～沒禮貌！（一巴掌先過去）先不管情人了，有機會去認識朋友就要先偷笑啦。

誠品文具館的員工男女比例非常失衡，而且上班並不是優雅到讓你想認識的狀態啊。上班時的我，搬東西、爬梯子、用電鑽…全身爆汗又髒兮兮，借問有沒有人想要認識這位白眼翻到一半的女子？當我把整個人的熱情和時間都獻給公司之後，確實也沒有其他的心思去認識朋友了。

總之，能在文具館好好上班的人，通常都沒有戀情。（無誤）

Q：至少出去走走嘛…

重點就是「走走」兩個字打倒了我們。平常上班幾乎都是站著，休假還要走路啊…還要動到腳啊…好懶啊…那寧可躺在床上發呆（攤）
如果沒有朋友約的話，休假光是要把自己送出門口就是一件很困難的事。最好是在家裡堆放一些乾糧，這樣就可以整天黏在家裡，達成宅的最高境界。對文具店店員來說，這樣就是一種很奢侈的幸福啊！

NO. 03 資源回收撿垃圾

★店員專長→回收再利用！★

在生活中尋找可在陳列上運用的資源回收與垃圾是非常重要的。這樣可以不用跟主管申請經費，用最少的花費去做一個展。而且有時候撿到的東西是怎麼買都買不到的陳列好物喔！

有一天公司傳來消息，說會開放地下室的祕密基地讓大家挖寶，這個祕密基地就是傳說中各店不要的陳列物聚集的地方。能夠到垃圾堆挖寶，身為文具店店員真的感到無比興奮啊！多年沒有人進出的地方真的沒有在開玩笑，灰塵、蜘蛛網、毛屑…想的到想不到的通通有，而且道具堆非常滿，難以通行。不過為了挖到寶，各區派了頂尖資源回收好手前來，就怕漏了什麼好東西。

從此，資源回收撿垃圾成了我們下班後的另類興趣。

這天下班後，我們來到地下室的停車場準備騎車回家，此時眼尖的同事一眼瞥見旁邊有厲害的陳列道具。雖然是被塞在停車場的最角落，還用一塊遮不住它的布蓋住，完全無法掩蓋它散發的光芒，不折不扣是個有層次感的造型櫃子啊！「欸，那是誰的啊！」「不知道欸，滿好看的！」「這樣是要丟掉的意思嗎？」「吼～拿來下個展用不錯耶！」一群人七嘴八舌，無視時間已經很晚，在停車場討論起來，熱烈程度只差沒有過去把整個櫃子搬走。（警衛伯伯表示：嗶嗶！停車場要關門了！）

好不容易休假了，我們也沒有停止資源回收撿垃圾的行為。同事們約了一起去逛文具店，一路上八卦聊不停。

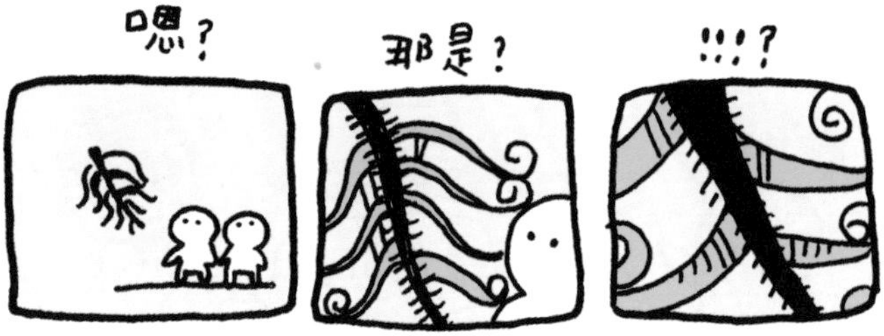

突然，路邊出現一片落葉。它不是一般的落葉喔，大概有80公分這麼大，而且造型有白色的捲曲狀不明物體，非常特殊。

其中一位同事眼睛突然發光，臉上露出想要把巨大葉子一路帶回家的表情。如果不是他人強烈勸阻，我想大家應該會在誠品看到這片浮誇的巨大落葉吧！

還有一次，同事們約好去福和橋下的跳蚤市場逛逛，跳蚤市場真的是無奇不有，連消防栓都有在賣。結果，我們一到現場都不是在看一些自己要用的，反而都是在想上班會用到的陳列道具啊！

更嚴重的就是，這個症狀蔓延了…某天，同事在調整「倉敷意匠」展的陳列。白色的整面弧型牆壁加木頭層板，在同事畫龍點睛加了漂流木之後，整個區域變得沉靜、樸實，跟整個品牌精神融在一起。

等等！哪裡來這麼大、這麼美的漂流木 !?「我媽媽出去玩的時候幫我撿的啊！」感恩媽媽、讚嘆媽媽！原來我們的資源回收撿垃圾精神已經擴及家人，媽媽出門在外踏青還不忘女兒工作上需要的道具，就這樣把漂流木扛回台北了！

番外篇

老闆，我把薪水還給你了！

一直以來，我都很喜歡AIUEO這個品牌。有天我就忍不住問店內的小幫手：「欸，你都不會覺得AIUEO的東西很可愛嗎？不會想買喔？」一貫冷調的小幫手：「還好。」

WHAT !? 還好 !? 居然有人會覺得AIUEO還好 !?

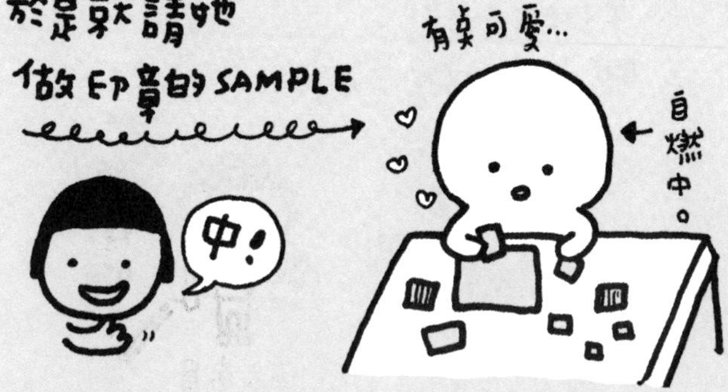

於是某天我就把製作AIUEO印章SAMPLE的重責大任交給了小幫手，雖然我們做SAMPLE的時候通常一臉正經，但內心其實已經無限自燃，等待下班後拿商品衝刺到收銀檯結帳。

果不其然，下班後的她，突然在AIUEO印章前面站了很久，然後抱著幾盒印章去找老闆:「老闆，我要結帳。」當然，製作印章的SAMPLE也是需要用到印台的，過了一段日子，小幫手默默又結帳了兩組印台。文具店店員下班後，把薪水奉還給老闆是常有的事，其實我一點都不意外。

在誠品工作時有分早晚班，早班下班後，同事們八成都會繼續留在公司，以便衣姿態在賣場上晃來晃去。雖然上班的時候就已經在接觸這些東西了，但是對於文具店店員來說，這時候可以以客人的身分好好地逛，撇開一些業績壓力、回到自己單純喜愛文具的心，順便解決一下自己易燃體質帶來的購物欲。

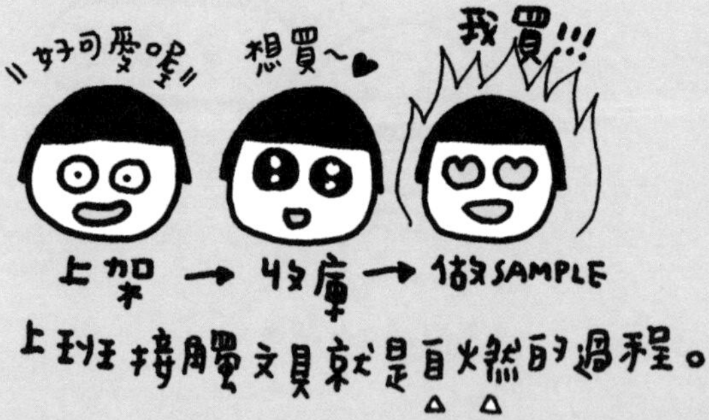

上班時間我們上架、收庫、製作SAMPLE，這些接觸商品的機會，其實正是不斷自燃的過程啊。內心小火苗累積到下班變成森林大火後一次釋放，一次結上千元是稀鬆平常的事。

逛街時，我們就跟一般客人的對話一樣，只是夾雜一些商品小八卦。

「吼，顏色好可愛啊啊啊，要買這個還是這個…」上班時要保持冷靜的外表，沒有辦法好好尖叫的部分，現在可以好好發洩。

「今年是怎樣啦，那麼早到貨，而且顏色都比去年厲害多了啊！」硬要吐槽一下去年。

「拜託，去年出的顏色超俗的～廠商怎麼敢進貨。」愈來愈毒舌，完全忘記常常會來巡店的廠商業務。

「啊不然你都買啊，我們再來分。」再度，我包色了。←有同事在旁邊，通常都會是這樣的結論。

下班後的逛街日常
吼!可愛啦!
顏色比去年好看多了!
同事
推×1
去年的超俗啊!
毒舌。
不然你都買啊!
同事
推×2
中。
你都買我再跟你分!
同事
推×3

「是吼，是吼，我先保留。等五號再結。」沒錯，月底我們都面臨沒錢吃飯的危機，更不用說結帳了。要等五號發薪日才能戒除警報。

發薪日後那幾天店內特有的景象：閉店後，客人終於都離開了。收銀檯前卻站了一列穿制服等待結帳的店員們…沒錯，老闆，我們乖乖排隊來把薪水還給你了…

(發薪日)
每個月的5號下班後…
收銀台
排隊的都是員工。

PART.08

我的同事是瘋子

圓角器是很棒的療癒小物，我沒事就喜歡拿在手上壓壓壓。瘋瘋癲癲的文具店店員背後，其實是莫大的工作壓力啊！我們相信大笑是最好的舒壓方法！！——Mikey

我的同事是瘋子

No. 01

上班也文具，下班也文具。

我的同事都不是普通角色，人人都是24小時沉浸在文具世界也不膩的奇葩。已經寫了一大堆上班時的事情了，沒想到想寫一些同事下班後的事，還是離不開文具主題呀！

很吵的手帳聚會

辦公室的那張大桌子除了是大家的網咖、餐桌，還能自動變成手作教室。三不五時打開門就發現坐了一桌已經下班的人，正在七嘴八舌討論文具，分享各自的戰利品，然後在這種很吵的狀態下寫手帳。熱絡的情景就像是國中女生圍一圈討論帥哥學長一樣。下班了還不回家，直接在公司開起手帳小聚會了。（喂！有人准你在辦公場合這樣嗎！）

還有一陣子，我們如果休假會聚集到一家文具店嘰嘰喳喳寫手帳（小朋友不要學喔，老闆是我們朋友啦！）那時候都笑稱文具店是安親班，收留我們這些休假沒有文具就不知道怎麼生活的孩子們。

團購代購，相害無罪

有一年，我們發現了AIUEO這個牌子，那時候，台灣根本沒有人認識它，更不用說販賣AIUEO的商品了。想買AIUEO唯一一條路就是尋求代購，於是認真地製作EXCEL表格，登記大家買的商品貨號（就像回到郵購的年代），傳遍店裡各同事，然後透過同事在日本的朋友幫忙買了一單。文具店店員間的互相推坑，威力不容小覷啊！

這次的代購我們訂單幾乎傳了整間店，但不知道為什麼就是漏了A同事。A同事後來憤而自己開店，大進AIUEO的貨，也開啟了AIUEO在台灣的光明大道。要說AIUEO是我們這群人弄進台灣的實在言重，不過，我們絕對是有那麼一點關係。

店員的斷捨離二手市集

文具店店員常常面臨文具買太多的窘境，不過如果有段捨離的決心，其實可以來公司擺二手市集喔。公司辦公室的大桌子曾經擺過二手市集，在這種地方擺攤完全命中目標對象，每一位同事都是不買手會癢的狀態。這攤子一擺下去，吃飯的同事無法專心吃飯、工作路過的同事被吸引、連休假的同事都跑來公司買東西，這些同事的生活到底是有多無法離開文具？

紙膠帶分裝

「買啦買啦，我們一起分。」
「欸，我們缺一腳耶，要不要+1？」
常常在同事間可以聽到類似的推坑語。因為我們買文具買到變月光族（無誤），所以常常會問同事要不要一起買紙膠帶來分裝，又能滿足購買欲又能節省一丁點兒文具開支。

所以同事間還會有一種情景，就是面無表情低著頭，無視身邊所有的人事物。此時拜託不要吵她，她正在數長度分裝紙膠帶啊！

我的同事是瘋子

NO.
02

吃飯能不能好好地吃

吃飯皇帝大，不管你的工作進行到哪個階段，都要立刻放下手邊的工作去吃飯。在誠品工作要覓食可不容易，如果懶得走出去買，就只能吃貴森森的地下美食街；如果出去買便宜的，那你買回來就已經去掉一半的用餐時間。所以像我們租屋族＋外食族每天吃飯都得面臨抉擇。

另外有一種超級幸福的同事，因為住在家裡，每天可以帶著媽媽的便當來上班，微波一下便當就能吃，健康又快速，完全羨煞旁人。

同事們用餐狀況都不太正常，其中有一種類型是大食怪。不知道上班是餓到什麼程度，讓人覺得點一個美食街的套餐都吃不飽，一定要加點一些有的沒的，吃下來200元一餐還不夠。

有一天我買好豐盛的中餐回到餐桌用餐，旁邊同事正吃著令人羨慕的媽媽便當，不料她咻咻咻挖幾口馬上解決掉整個便當。

這驚人的速度讓我不得不盯著她看，只見她三秒鐘清清牙縫之後，一個彎腰從桌子底下拿出她的第二份中餐—麥當勞。

迅速嗑完麥當勞，居然又從桌子底下撈出飯後甜點。終極大食怪日常就是類似這種的雙主餐加上飯後甜點啦！

同事本人基於有點羞愧還把食物先藏於桌子下，再像哆啦A夢百寶袋一樣慢慢拿出來…

還有一種餓叫作你的大腦覺得餓（但是肚子根本沒有餓啊！）有個同事一到美食街就會覺得自己什麼都想吃，每次都喜歡點一堆東西外帶，興高采烈地提回餐桌用餐。

某天，我們兩個的用餐時間剛好重疊，就一起到地下街買飯吃，他一如往常地大包小包滿載而歸。

我們一起坐下用餐才不到五分鐘，她就停住了。「欸，你要不要吃這塊腿排。」「番茄炒蛋給你好不好？」「你應該還很餓吧？挖一半給你。」

同事開始向整桌的人推銷她剛剛買上來的中餐。整間店的人都深知他這種吃東西的習慣，只有她本人不知到哪裡來的自信，每次都相信自己可以吃完，所以每次買中餐回來都還是大包小包的。

還有一個同事，能把早餐變中餐、中餐變晚餐、晚餐就兼當宵夜吃掉（不過還是一定要另外再吃宵夜場）。

同事早餐帶了三明治，咬了一口就丟在餐桌上，開始到賣場工作。

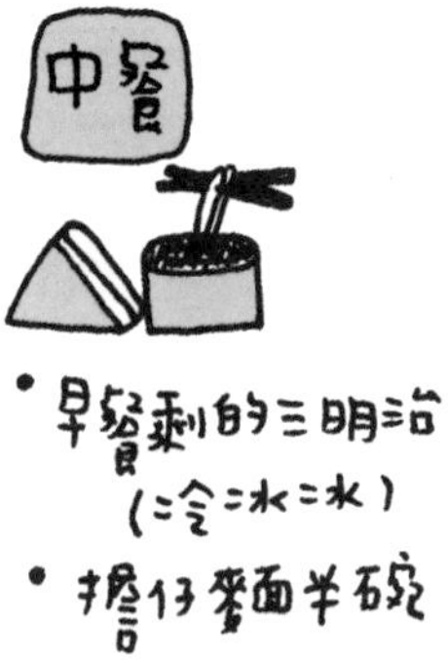

一直到中餐時間，同事才繼續吃她冰冷的三明治。吃完當然不飽，就再補了一碗麵。

而這碗吃不完的麵，就放到了下班時間…此時，湯的表面已經有一層膜，有帶一點白白的油花，整糰麵看起來也超黏超糊，怎麼看都不是個會讓人想入口的狀態。

結果，下班後充滿機餓感的同事居然彷彿獲得救贖似的大口大口吃了起來…嗯…好吧，我必須承認我同事就是我。

我的同事是瘋子

NO. 03

同事百百款

不知道大家對於自己身邊的親朋好友能不能大致上做個分類呢？我跟我爸很喜歡把身邊的人歸類，然後你會發現某個朋友的個性跟某個親戚很像，讓人會心一笑的那種。文具店店員真的都是瘋子，擁有異於常人的生活習慣和生活態度，不過，我還是能大概寫出幾種類型跟大家分享：（出賣同事，開始。）

對自己太苛求

我經過辦公室時，同事W正在寫E-mail。我第二次經過時，同事W還在寫同一封信。第三次，嗯…她還在編輯信件。

野獸派藝術家

同事Y絕對是野獸派人士，每每在發想一些店裡的SAMPLE，她總能有創舉。把整面櫃子封起來、把樹搬進店裡、手作巨型蘑菇、純手繪不打草稿的看板、純手寫不假思索的筆記本介紹…等等。

「這邊要對齊…這邊要黃色網底…重點處改14級字好了…嗯不對…還是粗體好了…這邊破折號改成冒號…」只不過是一封簡單的交接信，同事W總是可以當作一個美編排版在處理。收到他寄來的信總是像在看參考書，已經畫好底線、標好123重點、整齊又美觀。

本人寫mail都是一打開用預設的根本不知道什麼字體和字級寫到底，黑色就黑色沒有第二個顏色，網底？那是什麼？Email也有這種編輯功能嗎？（掩面）

如果你曾經在包裝台讓她為你進行包裝服務，那你真的很幸運。她打出來的緞帶花，不管是配色、造型、材質選擇都是無人能及的藝術家等級！

當然，個性上也很野獸派，她能用跟一般店員不一樣的眼光挑選文具、用不官方的回答處理你的問題。如果你曾遇到大膽、前衛又微憂鬱的Matisse式客服，那真的是賺到了。

腦袋很轉彎

L是一位腦袋很打結的同事，她的邏輯並不是一般人能夠理解。

舉例來說：有一次需要輸出看板上大型的黑色標題字，一個字一張A4紙差不多。只要打開WORD打字，然後用辦公室影印機印下來，再割掉不要的部分就完成了！

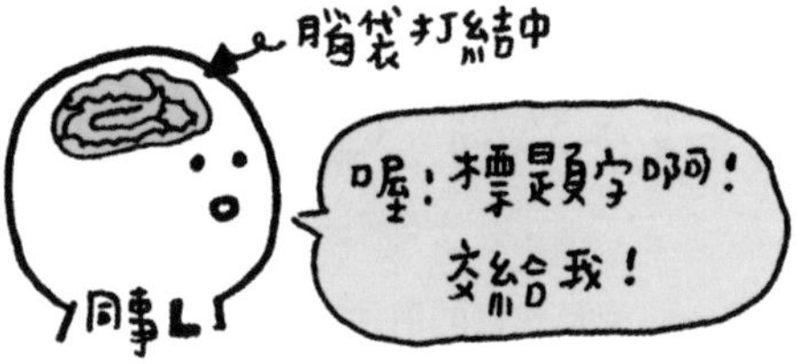

不久，同事L趴在包裝台上，拿著一枝黑色麥克筆，表情虛脫地說：「用這個筆畫…我頭好暈…」

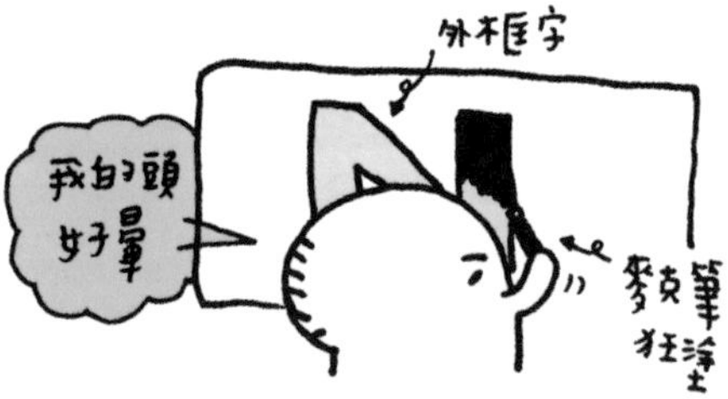

主管關心了一下原因，差點笑倒在現場，原來同事L剛剛特地改成外框字，然後再印下來親手將字塗黑…（WHAT !! 你醒醒啊你 !! 這是什麼邏輯 !! 直接印黑字很難嗎 !! ）

上班小博士，下班小白痴

同事C是條理分明的同事，只要排到跟她一起上班就會覺得是老天眷顧，今天保證一切順利。工作上有任何問題，同事C都能夠完美處理。

不過只要一打下班卡，她的腦部會瞬間停止任何運作。舉凡認路、點餐、算錢…任何生活瑣事對他來說都是極大的挑戰，如果有比拿筷子吃飯更複雜的事項，可能要等到明天上班打卡後才能開始處理。

我的同事是瘋子

NO. 04

生日就是要讓你難忘

我們上班的時候最怕被主管叫住，畢竟八成都不是什麼升官加薪的好事。有天我正在賣場上補貨，突然有人拍我的肩膀。「欸，我找你。」

原來是主管，而且臉超！臭！平常主管跟我其實滿好的，我可以飛撲過去抱她，也可以勾肩搭背聊天。但她是就事論事的人，只要做錯事了，她都會照罵。我們兩個也有過在賣場你一句我一句，後來哭了的情況。（也太戲劇）

我觀察到今天她的眼神帶有殺氣，身邊圍繞低氣壓，我只好頭低低跟著主管走，腦中不停浮現各種可能，反省自己最近到底做錯什麼，唉，我第一次覺得從賣場到辦公室的距離怎麼會這麼遠…。
主管的步伐還是很沉重，她緩緩推開了辦公室的門。咦？暗的？停電嗎？

「祝你生日快樂～祝你生日快樂～」突然，眼前出現微微的蠟燭光線，耳邊響起生日快樂歌。同事們從遠方端著一個蛋糕走了過來。啊…今天幾月幾號啊…我生日嗎…在還沒反應過來的時候，同事就開始圍著蛋糕要我許願了。(快承認只是你們餓了想吃蛋糕吧！)

文具店店員會不知道自己今天生日是非常正常的事。

通常只知道自己上幾天班後可以休假，對我們來說一個星期是「AAB休CCB」而不是「一二三四五六日」。所以這種哏用了超多次，同事還是一樣會面色凝重被騙到辦公室。

我們的生日都是FB提醒的，不然就是同事這種生日驚喜提醒的。發現自己今天生日，而且還被好好慶祝了，真的會非常感動。感動之餘，想到剛剛主管演那一齣內心戲，還是想頒最佳女主角臭臉王給她。

有一年生日，我沒有被主管叫到辦公室。
一如往常，關店後我在賣場整架，準備好好收尾回家了。突然主管很開心的叫我:「欸，你來看你來看～」

我很開心，想說應該到貨了什麼有趣的新品，就小跑步跟著主管屁股過去。到了賣場另一邊，同事們突然衝出來大唱生日快樂歌。啊，我又生日了嗎…

還在想今天到底是不是我生日的時候，有一位同事直接把我整個人扛起來繞場 !!! 對，真的是像扛沙包那樣的畫面在賣場跑來跑去 !!!（對於平常工作都在重訓的文具店店員來說，扛一個人真的只是小 CASE。）

生日快樂!
同事把我
扛起來!!

主管曾經收過"厲害"的禮物
我跟你說
我30歲生日…
主管
收到30個
消波塊橡皮擦
主管
哈哈
哈哈
哈哈哈

說到生日就不能不提到我主管曾經收到的30歲大禮。

有一年，店裡活動的員工福袋裡放了一大堆施德樓橡皮擦，我當下覺得這禮物超慘，但又笑到快不行。正在吐槽主管說今年禮物怎麼這麼搞笑，主管馬上跟我分享：「欸，你知道我30歲那年收到什麼禮物嗎？橡！皮！擦！」「蛤？橡皮擦？」「30個大型消波塊造型橡皮擦。30個！我到現在都不知道該怎麼辦。」

文具人就是文具人，連禮物都如此地不實用有創意。而且送消波塊造型…嗯…意味不明…我聯想到黑道殺人的一百種方法…

番外篇

什麼都吃，什麼都放嘴巴，什麼都不奇怪！

傳說中，老天爺會在你喉嚨不舒服時，賜與你一顆喉糖。而且怕你不知道是喉糖，還要在上面印著喉糖兩個大字。至於你信不信，反正我同事是信了。

事情是這樣的，同事L很習慣在自己身上準備一個小垃圾袋，在賣場撿到小垃圾時可以丟進去，或是自己在剪剪貼貼產生的垃圾也可以丟進去。這一個小小的自備垃圾袋，居然莫名救了她。

看我的隨身垃圾袋！
同事
L
WOW!
同事習慣在身上放個小袋子

有一天，她喉嚨不舒服…
喉嚨不舒服
L
忍著繼續上班

某天在上班期間，她突然感到喉嚨乾、喉嚨癢。通常發生這種狀況，雖然喉嚨不舒服，但又不是什麼重大無法上班的病，也不能做什麼處理，只能忍一忍，在賣場上撐到休息時間再說。

那天同事L一樣把賣場上的小垃圾都丟進隨身垃圾袋中，當她在處理垃圾袋時，一把抓出垃圾，發現裡面有一顆從天而降的喉糖！

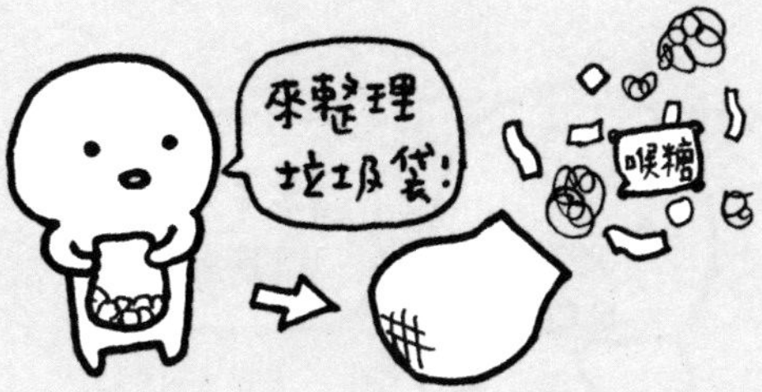

包裝說能多簡單就多簡單，就是印著喉糖兩個超大字而已。

老實說，這看起來就是B級喜劇會存在的那種搞笑道具啊，而且還是從賣場撿到的垃圾，其他同事看到已經笑翻在現場。

同事L居然在大家笑到不行的當下，二話不說把包裝的灰塵撥一撥，打開，立刻放進嘴巴裡：「這是老天爺給我的。」同事L表情之滿足…

文具館忙起來的時候，真的很累，早班要爬起來上班實在是痛苦啊！文具館同事手拎著一罐Red bull來上班一點都不稀奇，我也很常把Red bull當做早餐的飲品，堪稱文具店店員的維士比啊！我想我們公司樓下7-11的Red bull銷售量應該是比其他店高出很多倍吧！（Red bull快來找文具店店員業配～揮手～）

同事C在這種痛苦起床的日子都會自行調配奇怪的提神聖品。那天，同事C帶著一杯星巴克來上班，很正常地喝著咖啡配早餐。

喝到一半，突然打開杯蓋，從包包拿出一罐Red bull，就這樣很自然地倒進咖啡裡。天啊！咖啡×Red bull！劃時代又衝破味覺藩籬的提神聖品就此誕生！

請不要問我味道如何，我完全不想試。不過同事C常常調配這提神聖品，而且喝得很開心這樣…

以上都是還能吞下去的食物。但有些不能吞下去的東西，瘋瘋癲癲的文具店店員還是會放進嘴裡。像是正在懸掛看板時，左手右手都拿著板子，嘴巴就只好暫時咬著繩子。寫企劃的時候，筆就會不自覺地放進嘴巴裡咬。但是請相信我，咬繩子和咬筆都不奇怪，以下我要說的，才是**怪。到。不。行。**

平常也常咬些怪東西…
咬筆
咬繩子
新品上市

有一天我們在辦公室裡的餐桌吃晚餐，吃完還剩下一點休息時間，我們就坐著聊聊。突然間，我看到對面的同事S從嘴巴吐出了某種小東西，本來不以為意，結果她居然拿起來往眼睛裡塞。

不過，這才是最怪的…
等等!!!
從嘴巴拿出小物
同事S

驚。
那是…
隱形眼鏡啊!
双眼明亮

「等一下!!! 那是…!?」
「蛤？這個？隱形眼鏡啊。」

「天～啊～ !!! 哈哈哈哈哈哈哈哈哈哈哈～」我完全笑到崩潰，然後到處跟其他人宣傳同事S用唾液洗隱形眼鏡的這件事，全場差不多都笑到岔氣無法繼續吃飯。

同事S倒是老神在在：「不是都這樣嗎？我都這樣啊！」我實在忍不住問個很好奇的問題：「那…如果剛吃完麻辣鍋呢…」「就辣辣的啊…」同事S再度老神在在分享著自己戴過麻辣口味隱形眼鏡的經驗。（小朋友不要學喔，S姐姐有練過。）

PART.09

文具店員的真心話大冒險

唯有把那個最常用的筆袋放進包包裡，出門才會覺得踏實。對我來說，文具店永遠都是心靈的避風港，走進去不一定是要買東西，而是呼吸。——Mikey

NO.

01 必備的真心好評文具大推！

以下內容以寫書之名行推坑之實，請小心服用。

SARASA CLIP

聯名聯到外太空的萬年不敗平價筆。

要推薦一隻好筆，好寫、好握、好看是一定要的。外型上，筆夾是很棒的設計。跟一般的筆夾比起來，它可以夾在更厚的物品上，也讓很多聯名款可以在上面印製可愛的圖案喔。說到這聯名款還真的是買不完啊，熊熊大火還沒滅，下一款又出了，堪稱鋼珠筆界最多聯名款的筆！SARASA CLIP 有 0.3 ～ 1.0 的粗細可以選擇，因為我是粗筆愛好者，所以通常都用 SARASA1.0 的粗細。另外值得一提的就是 SARASA 的顏色非常濃郁，使用過許多黑筆，還是最喜歡 SARASA 飽和的黑色，寫手帳通常都用這枝黑筆喔！

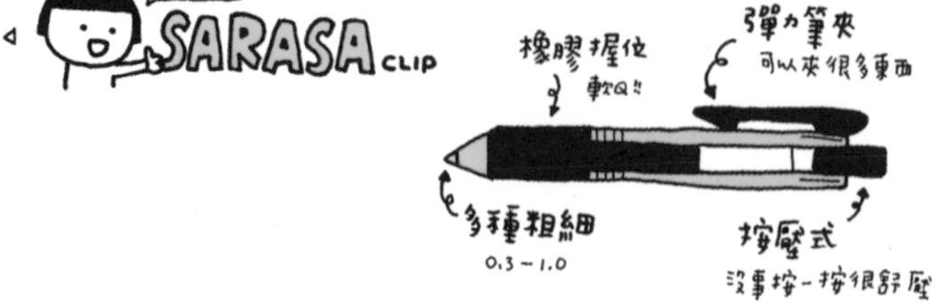

CARAN dache Luminance

用過真的不會想再用別的色鉛筆。

小時候買了一個FABER紅盒就很開心的使用，一直到進文具館工作認識了Luminance才知道什麼叫做色鉛筆，而且用過就回不去了！Luminance是卡達油性色鉛筆中最高等級的，它的耐光性很好，我在店裡畫的色卡，掛在靠近電燈的地方兩年了，色彩依然跟原本一樣很鮮豔。以前用色鉛筆總是要很用力才會飽和，但Luminance本身高濃度的顏料讓我畫起來不用太費力，而且下筆後會感覺到非常滑順，一度有粉蠟筆的感覺！另外一個很喜歡的地方是遮蓋力很好，畫在牛皮紙或是深色的紙上依然顯色，讓色鉛筆使用範圍更廣了。雖然一枝Luminance不便宜，但還是值得我一枝一枝慢慢買齊它。

Tombow MONO Zero

不用整個字重來，只要擦掉錯的小地方就好。

筆型橡皮擦大概是從我國中時期就開始流行了，但是沒有一款讓我好用到買替芯繼續使用，直到遇見Tombow MONO Zero！MONO經典的藍白黑塊狀橡皮擦從小就是大家的好朋友，軟硬適中不會亂斷裂、可以擦掉高濃度的鉛筆不留痕跡。這樣的優點完全移到筆型橡皮擦上，再外加它細小的橡皮芯可以修正一些小地方，簡直太優秀！我在畫草稿的時候常常使用，用來輔助寫外框字也是超方便的。按壓式的筆型橡皮擦體型超纖細，可以放在色鉛筆那種鐵盒裡，而且按壓時每次推出的長度剛剛好，不會太短擦不到也不會太長而斷掉喔！

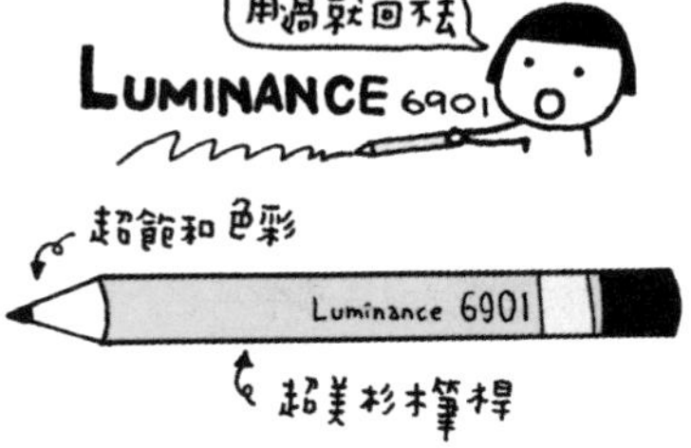

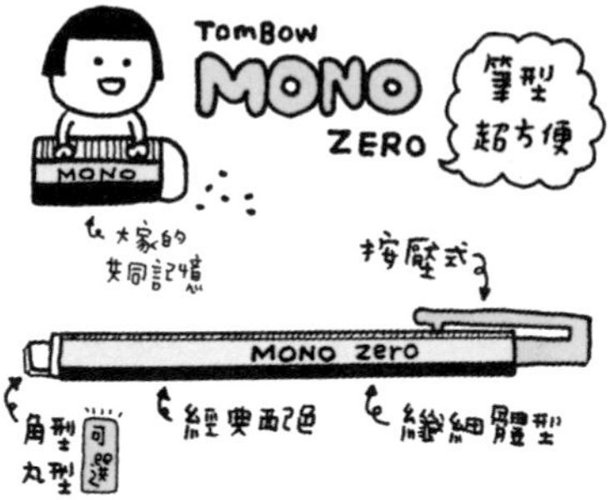

CANARY 細刃剪刀

尖銳無比的精緻剪紙高手

常常在手帳拼貼的朋友，怎麼能沒有細刃剪刀呢？小小一把細刃剪刀，因為前端又尖又薄，所以適合完成比較細膩的剪裁。常常在剪紙的時候需要高難度轉彎，細刃剪刀也沒有問題喔！如果常用來剪紙膠帶或貼紙的朋友，記得要買防殘膠的版本（請認明BOND FREE字樣），才不會讓剪刀黏黏的喔！再次強調這款剪刀前端超級無敵尖銳，是書桌上的迷你殺人兇器 請務必要小心使用啊。

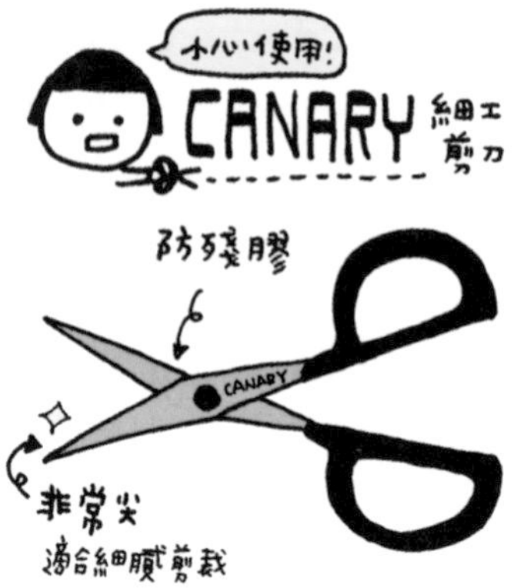

NT cutter 佐30度黑刃

文具館同事的腰間都有這把相認信物

話說在文具館工作的同事，人人都有一把NT cutterAD-2P。 這 款NT cutter左右手都適用，所以店內慣用左手的同事也是用NTcutter。它是日本的美工刀老品牌，品質沒話說，薄型設計攜帶方便，紅色的圓點是NT人在相認時候的信物（誤）拿NT還不夠，如果NT裡面能夠配30度黑刃使用就所向無敵啦！因為黑刃比一般的刀片更加堅硬又銳利，很適合常常在切割一些美術製作物的我們，30度則是適合細部的切割喔！

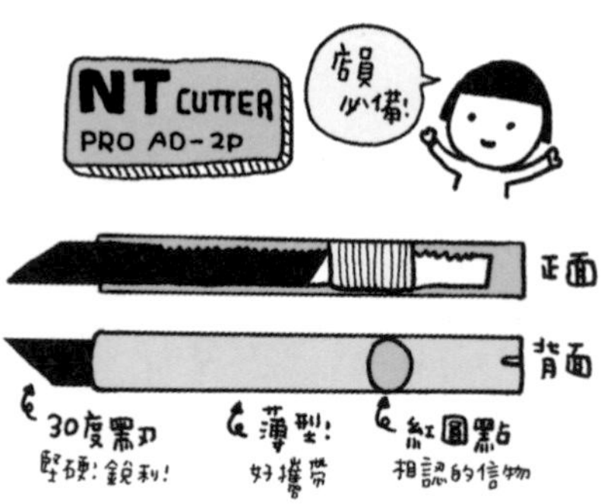

mt素色&基本款

紙膠帶百百款，品牌也愈來愈多。品質和設計上，mt說第二，沒人敢說第一。前陣子我才整理自己的紙膠帶，丟掉了很多已經無法使用的（心疼啊…）不過mt每一捲都好好的喔！當然，我知道mt限定款在忍到不能忍的時候一定也是得買一下，不過平常最實用的還是基本款（點點、橫線、斜線、方格）和素色。簡單的元素不會太花，隨意撕貼在手帳旁邊就非常畫龍點睛啊。要把圖片貼在手帳上的時候也是用基本款最適合，不會搶掉圖片的戲分。

吳竹ZIG兩用筆型白膠
好用到可以忽略它的外表

有一陣子很喜歡用滑行膠帶，隨著年紀的增長，現在最喜歡的黏貼工具則是吳竹兩用筆型白膠（平頭型）。筆型設計可以插在筆筒或放在筆袋裡，雖然外型XXX，不過因為很好用，我可以略過它的外表。筆型白膠劃過去是薄薄的一層，不會像傳統的膠水一樣出來就一大坨，讓紙張凹凹凸凸的。塗好白膠馬上黏貼，就是一般的用途。如果想要當可重複黏貼的便利貼使用，可以塗好白膠等它乾掉再貼喔。雖然外型XXX（硬要強調！不是說可以略過外表的嗎！），但如此方便的兩用膠不買嗎？

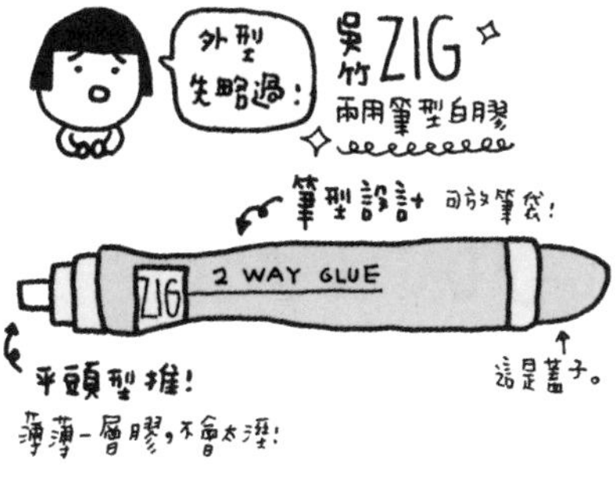

No.

02 心中夢想的文具店！

我覺得純做夢可以，但完全不敢去碰開店的事。開一家文具店真的很難，憑著一股澆熄不了的開店熱情和對文具的熱愛，一家一家廠商都自己拜訪，想訂什麼貨都自己親自去問，然後用小小的訂量加大大的誠意去考驗廠商願不願意理你。有些沒有代理商的品牌還得要考驗自己的英文、日文，或是比手劃腳能力。開店的部分就已經很辛苦了，經營又更加辛苦。

開店？我才不要咧！
NO!
☒ 開店熱情
☒ 拜訪廠商
☒ 語文能力

如果開店不小心遇到奧客…
SORRY! 我們店倒了!
不開總可以。
我要退貨!
壞了!
不好用。

理想的狀況是每個客人都開開心心地來買喜歡的文具，並且享受逛文具店的樂趣，內心呈現和樂融融灑花瓣、輕盈小跑步的畫面。但是在此請相信文具店店員一次：**不。可。能！！！**（請原諒我用了三個驚嘆號，雖然我覺得十個以上的驚嘆號才能表達我的心情）好的客人當然是佔了大多數，但總有那麼一些客人會讓文具店店員臉上三條線，讓實際經營上面臨打擊。

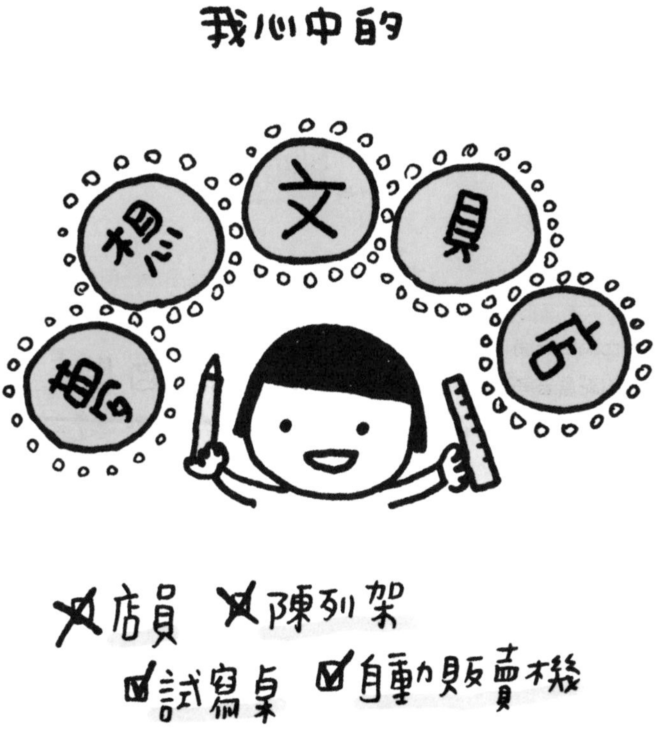

我不會開一家文具店，不過內心的確一直有著一間夢想文具店。這間夢想的文具店超乎大家的想像，它沒有店員，也沒有陳列架。店內有的是一位文具保護員和一個試寫桌、數台自動販賣機。

首先來介紹**跨時代的自動販賣機**，夢想店凡要購買商品都是用自動販賣機購買。不透過員工來處理結帳的部分可以避免一些算錯錢、找錯錢、忘記折扣、忘記附贈品⋯等等的問題。而且可以培養客人決定了就下好離手的美德，除非商品有瑕疵，否則不可能有退貨、換貨的可能。每樣商品前面都有一個QRcode，連結到詳細商品介紹的網頁，養成客人自己做功課的好習慣。如果介紹不夠清楚也會有即時線上客服供詢問。

再來就是**店內的靈魂：試寫桌**。試寫桌上有店內每一樣商品的試用品，各種文具都可以自由試用。客人問了十題真的不如到試寫桌去試寫十分鐘，認識文具真正的好與壞，也認識自己的使用偏好。常常會有客人很習慣問我們哪一種紙比較好、哪一枝筆比較好，其實不是我們不想回答，而是這真的很難回答。我還是覺得文具要自己用過才能知道適不適合自己，而不是聽說很有名，但是沒用過就直接買了。買到自己適合的文具，才能讓文具回家好好被使用，而不是很可憐地被關在冷宮裡啊。

至於前場唯一的工作人員：**文具保護員**，他是保全、不是客服喔。工作內容是保護試寫桌上的各種SAMPLE不要被破壞也不要被偷走，還有維護試寫桌的試寫品質，讓想好好寫字的人有舒適的空間。任何關於商品的資訊他都會請你掃QRcode，或是線上詢問客服。

夢想店的隱藏人物：**即時線上客服**，他就是要在不用面對面的狀況下解決客人的問題，可以好好吃飯、可以挖鼻屎、可以邊翻白眼邊用很客氣的語調說話。哈哈哈哈哈～

好吧，就讓這間店存在夢裡。本意還是希望大家都能好好試用文具，不要因為網路上的一篇推薦、水水大大的一聲號召、店員的一席話、或是懶得試用而買了某件商品。更不要覺得因為可以退換貨而不謹慎思考自己購買文具的行為。也許某一天，世界上真的會有人開這間夢想店喔。

No. 03 你還想到文具店工作嗎？

寫了這麼多文具店店員的辛酸血淚史，還想到文具店工作嗎？「當然啊！」我可以不加思索地回答這一題。在誠品文具館工作的日子，是我人生中最精彩充實的一段。

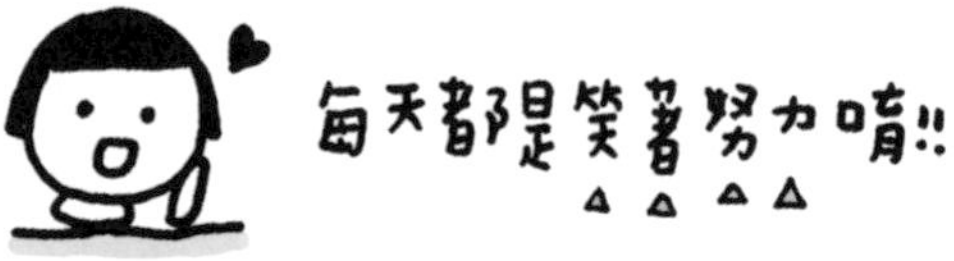
每天都是笑著努力唷!!

工作哪有不辛苦的呢？但是在文具館工作的辛苦，是會讓你心裡笑著繼續努力的那種。

有大型展務的時候...

起床上班了。
我不是剛睡而已嗎...

下班了!!
吃宵夜!
吃宵夜!

曾經在一個大型的展務期間，8點就要開展場的門準備，晚上等晚班一起下班，等於在公司待超過12小時。不是公司逼我們加班，也不是我這些工作非得要今天完成，而是在展場上看到同事們努力的樣子就會想要一起努力著。下班後一起看今天的業績，一起吃宵夜，一起想想明天要怎麼調整展場。

平常的上班日就沒有作大型展務時這麼累，但店內還是有無數個小展在進行。每天都在想讓店裡更好，讓客人可以更認識文具們。大到貨、庫存盤點、搬移硬體、上架新品、調整陳列、帶領新人、被罵被誤解被客訴…看起來就很累，對吧！

可是從中我學到更多的是各種技能、溝通藝術、領導能力。薪水不高這是事實，但成就感和情感，無價。

至於我為什麼離開誠品呢，因為要結婚生子啊（無誤），薪水和一些內部問題也是原因。由於太愛這份工作，整整手寫了五大張A4紙的離職信，也是因為太愛才會敢把想說的都說出來。在職的最後一天，我記得我是默默打卡溜走的，再多看一眼同事都會哭的那種。

第二份工作是在獨立型的文具店。那是完全不同的工作模式。

我的主管就是老闆，對，就是發我薪水的人，這樣的壓力比起面對誠品文具館店長大多了。小小公司不像誠品有制度，所以在很多方面會把情感擺在第一位，說是優點嘛…也同時是缺點，畢竟不是每件事都能夠用情感去解決的。

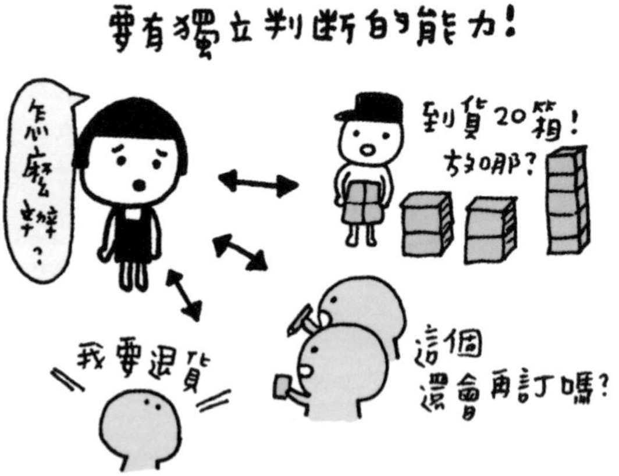

在獨立文具店工作沒有同事，許多時候需要獨立判斷的能力。現在到貨20箱手帳，把店門口堵滿了，怎麼辦？現在廠商在店裡問銷售的問題，怎麼辦？客人想要退換貨，怎麼辦？客人問什麼時候會到貨，怎麼辦？老闆不在現場的情況下，自己要做對的判斷並且負責。雖然在誠品有擔任管理職，但我依然在這裡做錯過很多事，雖然老闆人很好都沒有說什麼，但我的內心著實因為自己的誤判而自責啊啊啊～

平常上班最重要的事...
推坑你
寫介紹
做SAMPLE

在獨立文具店學到的東西是更深層的。雖然沒有什麼展務，但是要面對時時變化的文具業界近況，要常常保持自己的好奇心、更新文具界的大小事。商品在這裡的生命比誠品文具館短暫許多，所以需要大量的、有說服力的SAMPLE來促進客人消費。上班日可以跟一大堆文具相處，用力地玩所有的SAMPLE，坐下來腦力激盪想更好的點子，用盡各種方法推坑客人，很有挑戰也很有趣喔！

在文具店工作超幸福！

還想到文具店工作嗎？當然。

你想想，工作環境裡充滿文具，超幸福的啊！

後記

首先，敬各行各業認真工作的人。

每一份工作都是獨特的，也都有表面上看不到的那一部分。千萬不要認為自己都好忙、別人都好閒，一個想法會抹煞掉他人的努力喔。文具店店員從來沒有特別偉大，也沒有人曾經把它獨立出來當作一份職業，只輕描淡寫地歸類於服務業。看完這本書之後，相信你可以對文具店店員有新的認識。其實就像每個工作的你一樣，我們也用熱情守著工作崗位，工作上有笑聲、有白眼、有感動、有汗水、有淚水…嘴巴說過九百九十九次離職卻沒有一次真的離開過。工作是一種成長，別忘記每過一陣子審視自己，你會發現自己已經又進化成更棒的人了。

用幽默的方式去回頭看那些艱困的挑戰是我的浪漫。文具店所有好的壞的故事，都用我的浪漫記錄在這本書裡。這本書能夠完成實屬不易，因為懷孕又照顧雙寶讓腦內記憶體極速下降，當我完

全想不起故事細節的時候，只能常常去詢問同事當時發生的內容。如果真的漏了什麼精彩事件沒收錄，只好再出第二本了（誤）

謝謝我的爸媽、老公、兩個寶貝女兒，讓我的生活充滿愛。謝謝我的老闆與同事，文具店職涯中認識你們真的是最幸福的事！謝謝我的編輯用盡各種催稿妙招，始終沒有實際拿菜刀追殺我。謝謝路易莎中和宜安店，在我沒書桌的日子裡，提供良好的寫作環境。最後謝謝正在閱讀這本書的你，不管是什麼原因而買，都很感謝你可以支持紙本型式的創作。

最後，文具萬歲！

——Mikey

這枝紅筆有多紅？ 

文具屋店員Mikey白眼翻不完也執迷不悟的職人小劇場

作　　者　Mikey（倔強手帳）
社　　長　張瑩瑩
總 編 輯　蔡麗真
美術設計　TODAY STUDIO

責任編輯　莊麗娜
行銷企畫　林麗紅
出　　版　野人文化股份有限公司
發　　行　遠足文化事業股份有限公司
地址：231新北市新店區民權路108-2號9樓
電話：（02）2218-1417
傳真：（02）86671065
電子信箱：service@bookrep.com.tw
網址：www.bookrep.com.tw
郵撥帳號：
19504465遠足文化事業股份有限公司
客服專線：0800-221-029

讀書共和國出版集團
社　　長　郭重興
發行人兼出版總監　曾大福
印務經理　黃禮賢
印　　務　李孟儒
法律顧問　華洋法律事務所　蘇文生律師
印　　製　凱林彩印股份有限公司
初　　版　2018年10月

國家圖書館出版品預行編目（CIP）資料

這枝紅筆有多紅？ / Mikey（倔強手帳）著. -- 初版. -- 新北市：野人文化出版：遠足文化發行，2018.10　240面；15×21公分.
--（Graphic time；11）　ISBN 978-986-384-318-4（平裝）
855　　107016850

感謝您購買《這枝紅筆有多紅？》

姓　名　　　　　　　　　　□女 □男　　　年齡

地　址

電　話　　　　　　　　　　　　　　　　手機

Email

學　歷　□國中（含以下）　□高中職　□大專　□研究所以上

職　業　□生產／製造　□金融／商業　□傳播／廣告　□軍警／公務員
□教育／文化　□旅遊／運輸　□醫療／保健　□仲介／服務
□學生　□自由／家管　□其他

◆你從何處知道此書？
□書店　□書訊　□書評　□報紙　□廣播　□電視　□網路
□廣告DM　□親友介紹　□其他

◆您在哪裡買到本書？
□誠品書店　□誠品網路書店　□金石堂書店　□金石堂網路書店
□博客來網路書店　□其他＿＿＿＿＿＿＿＿

◆你的閱讀習慣：
□親子教養　□文學　□翻譯小說　□日文小說　□華文小說　□藝術設計
□人文社科　□自然科學　□商業理財　□宗教哲學　□心理勵志
□休閒生活（旅遊、瘦身、美容、園藝等）　□手工藝／DIY　□飲食／食譜
□健康養生　□兩性　□圖文書／漫畫　□其他

◆你對本書的評價：（請填代號，1. 非常滿意　2. 滿意　3. 尚可　4. 待改進）
書名＿＿＿封面設計＿＿＿版面編排＿＿＿印刷＿＿＿內容＿＿＿
整體評價＿＿＿

◆希望我們為您增加什麼樣的內容：

◆你對本書的建議：

廣　告　回　函
板橋郵政管理局登記證
板 橋 廣 字 第143號

郵資已付　免貼郵票

23141
新北市新店區民權路108-2號9樓
野人文化股份有限公司 收

野人

請沿線撕下對折寄回

野人

書名：這枝紅筆有多紅？
文具屋店員Mikey白眼翻不完也執迷不悟的職人小劇場

書號：GRAPHIC TIMES 011